1 

eins

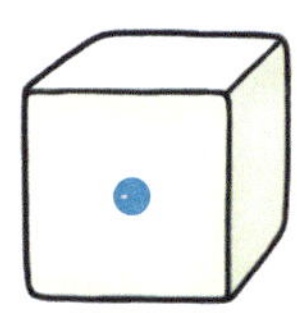

2

	→	1
	→	
	→	1

› **Der Ziffernschreibkurs kann je nach Bedarf flexibel eingesetzt werden.**
› **1** Ziffern nachspuren und schreiben.
› **2** Mengenbilder entsprechend zeichnen oder Zahl eintragen.

› **ab Schulbuch Seite 7**

Ziffernschreibkurs: Die Zahl 2

1

zwei

2

2

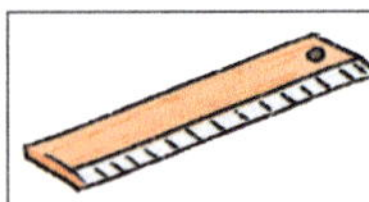

2

› **1** Würfelbild zeichnen, Strichliste anlegen, Ziffern nachspuren und schreiben.
› **2** Mengenbilder entsprechend zeichnen oder Zahl eintragen.

1

drei

2

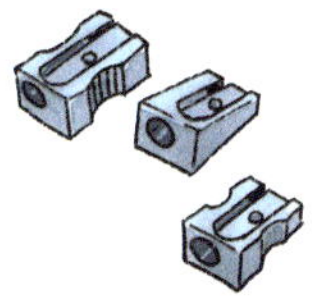

3

3

3

› **1** Würfelbild zeichnen, Strichliste anlegen, Ziffern nachspuren und schreiben.
› **2** Mengenbilder zeichnen oder Zahl eintragen.
› **3** Immer drei einkreisen.

1

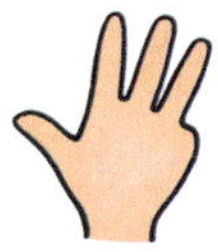

vier

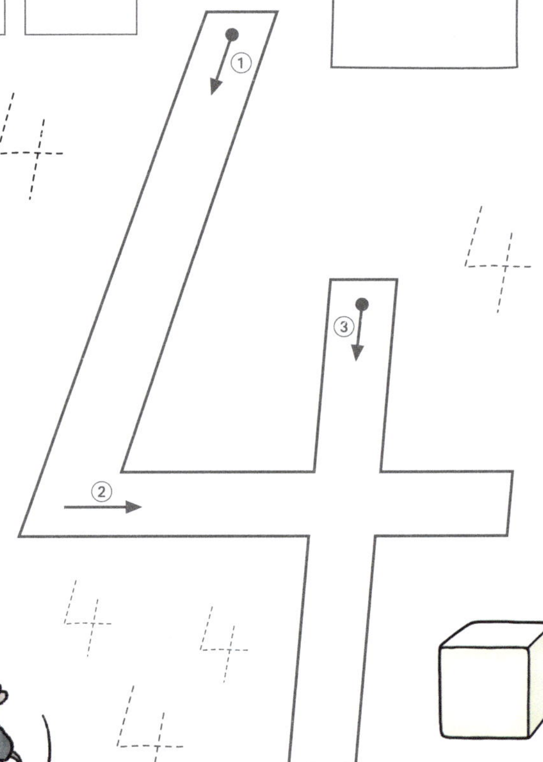

2

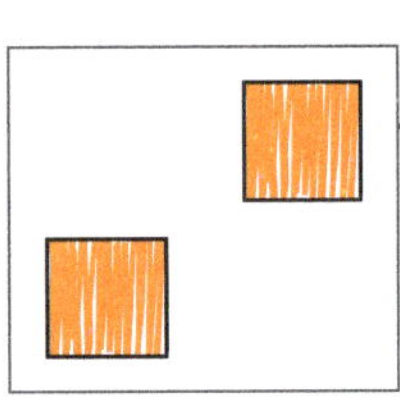

4

4

3

› **1** Würfelbild zeichnen, Strichliste anlegen, Ziffern nachspuren und schreiben.
› **2** Mengenbilder zeichnen oder Zahl eintragen
› **3** Immer vier einkreisen.

1

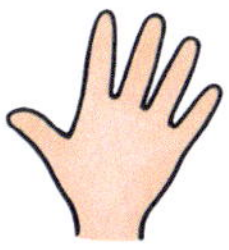

fünf

2

2

3

4

1 – 2 – 3 – ◯ – ◯ – 6

6 – 5 – ◯ – ◯ – ◯ – 1

› **1** Würfelbild zeichnen, Strichliste anlegen, Ziffern nachspuren und schreiben.
› **2** Anzahlen eintragen. **3** Immer fünf einkreisen.
› **4** Zahlenreihen vervollständigen.

1

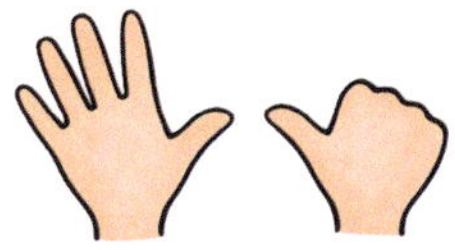

sechs

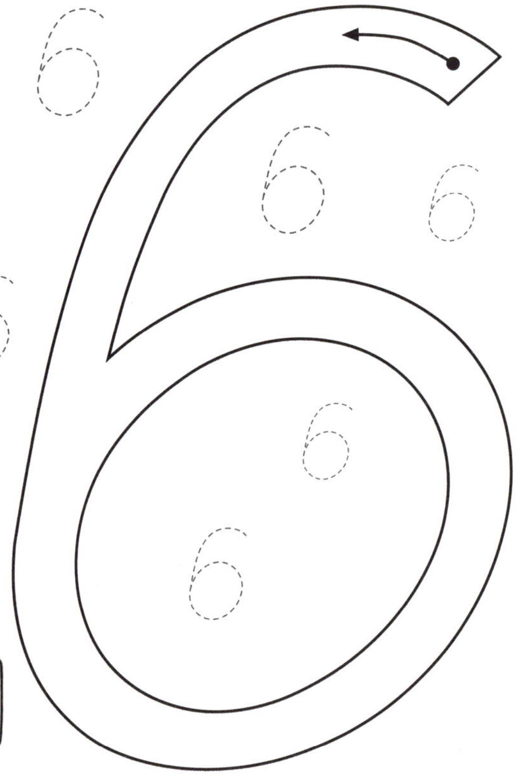

2

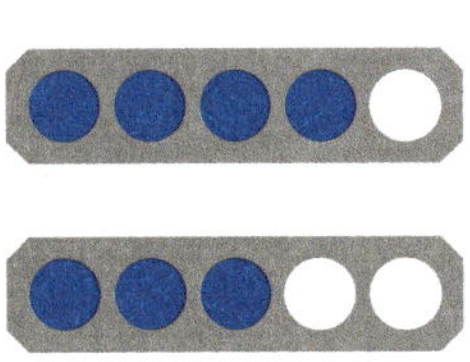

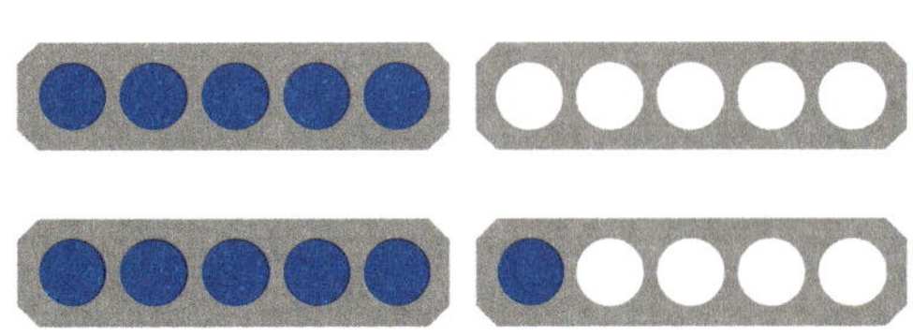

3

6	4	2	3	1	5

› **1** Würfelbild zeichnen, Strichliste anlegen, Ziffern nachspuren und schreiben.
› **2** Anzahlen eintragen.
› **3** Zahl und Strichliste zuordnen.

1

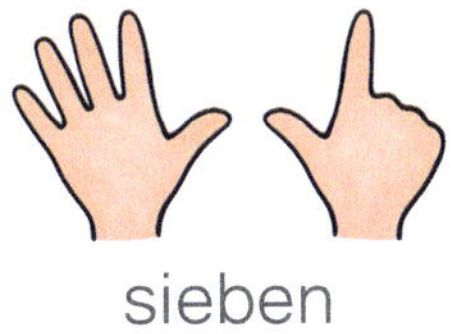

2

		6
		7

3

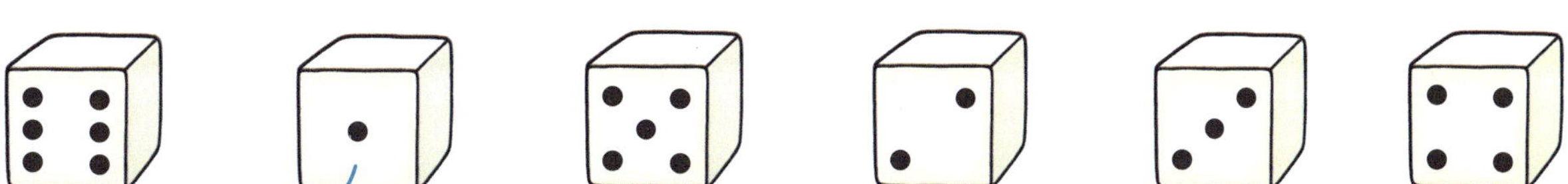

1 5 6 3 2 4

4

3, 4, ___, ___, ___, 8

8, ___, ___, 5, ___, ___

› 1 Würfelbilder zeichnen, Strichliste anlegen, Ziffern nachspuren und schreiben.
› 2 Passende Anzahl an Plättchen anmalen. 3 Würfelbilder und Zahl zuordnen.
› 4 Zahlenreihen vervollständigen.

1

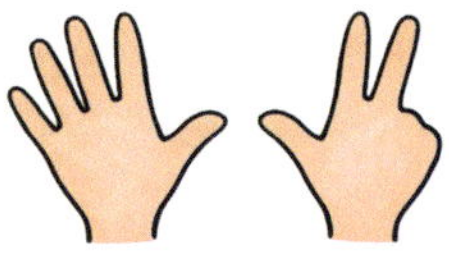

acht

2

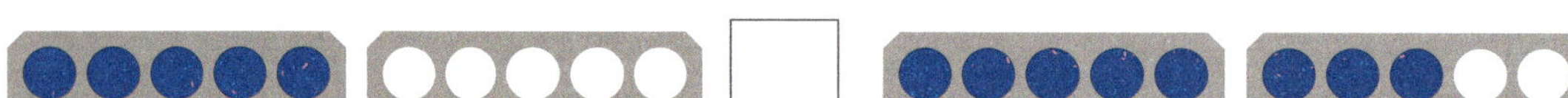

3

4 5 6 7 8

4

4 – 5 – ○ – ○ – ○ – 9

9 – 8 – ○ – ○ – ○ – ○

› **1** Würfelbilder zeichnen, Strichliste anlegen, Ziffern nachspuren und schreiben.
› **2** Anzahlen eintragen. **3** Bild und Zahl zuordnen.
› **4** Zahlenreihen vervollständigen.

1

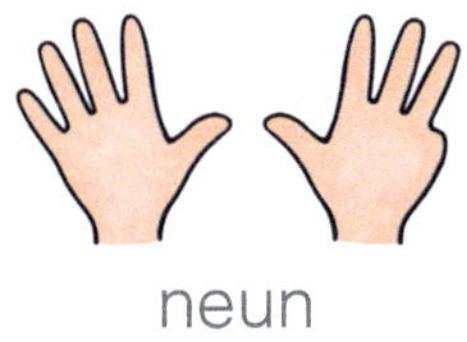

2

●●○○○ ○○○○○	6	
○○○○○ ○○○○○	7	
○○○○○ ○○○○○	9	
○○○○○ ○○○○○	8	

3

1 – 2 – ◯ – ◯ – ◯ – 6 – ◯ – ◯ – ◯ – 10

10 – 9 – ◯ – ◯ – ◯ – 5 – ◯ – ◯ – ◯ – 1

› **1** Würfelbilder zeichnen, Strichliste anlegen, Ziffern nachspuren und schreiben.
› **2** Passende Anzahl an Plättchen anmalen.
› **3** Zahlenreihen vervollständigen.

1

null

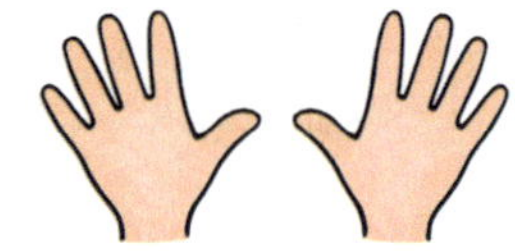

zehn

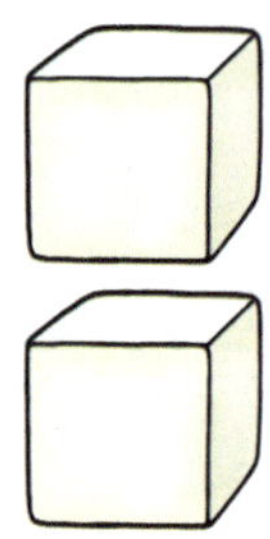

2

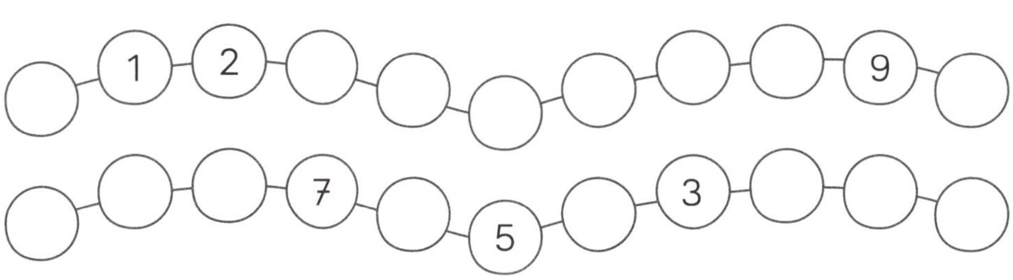

3

› **1** Würfelbilder zeichnen, Strichliste anlegen, Ziffern nachspuren und schreiben.
› **2** Zahlenreihen vervollständigen.
› **3** Anzahlen eintragen.

1

2

3

› **1–3** Was sieht Timo links, was sieht er rechts? Das Kästchen entsprechend färben (links: lila, rechts: rot).

› zu Schulbuch Seite 10

Zahlen zuordnen

1

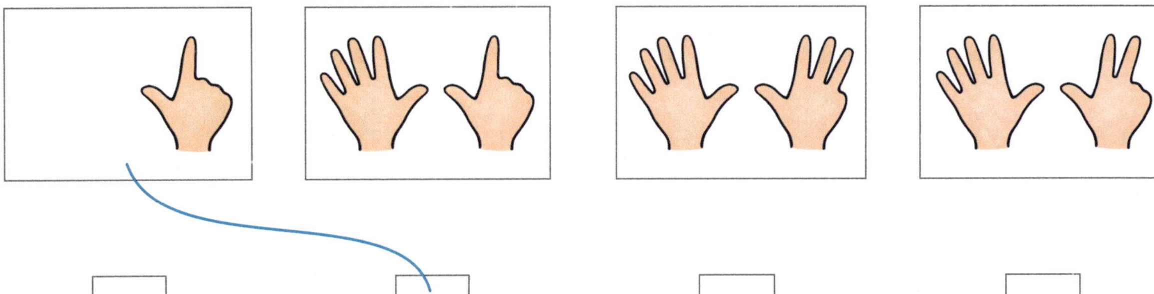

7	2	8	9

2

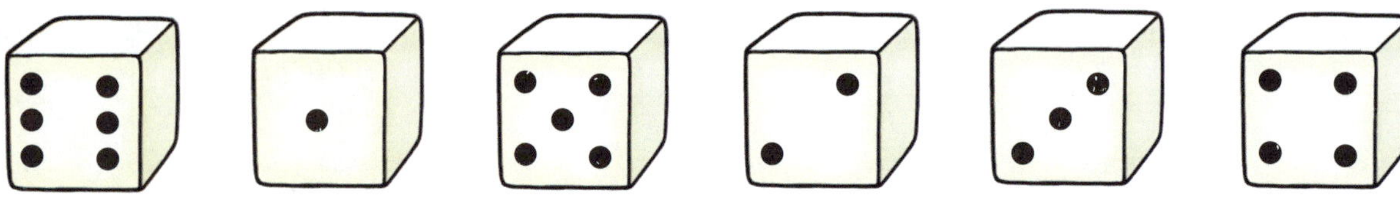

1	5	6	3	2	4

3

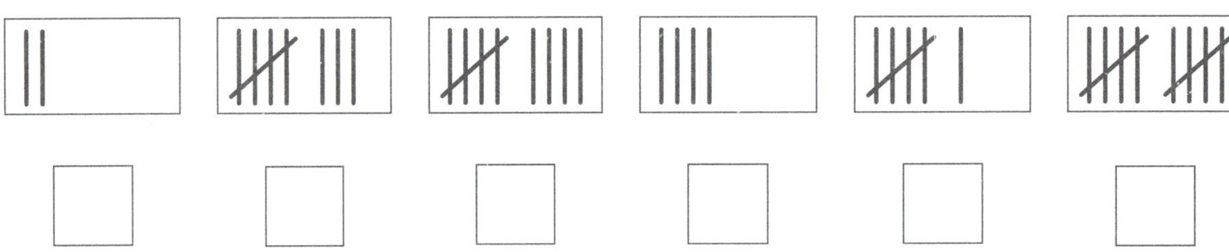

4

› **1** und **2** Bild mit Zahl verbinden. **1** Eventuell als Partnerspiel vertiefen.
› **3** und **4** Passende Anzahl eintragen.

› **zu Schulbuch Seite 12**

1 Wie viele Plättchen sind es? Wo sind es weniger?

8 · 5

9 · 0

2 Male an. Wo sind mehr?

6 · 10

7 · 6

0 · 5

7 · 3

3 · 0

2 · 8

4 · 9

7 · 5

› **1** Anzahlen eintragen und vergleichen. Passende Zahlenkarte färben.
› **2** Plättchen anmalen, vergleichen und passende Zahlenkarte färben.

› zu Schulbuch Seite 16

Mengen vergleichen

1 Wie viele sind es? Wie viele sind es mehr?

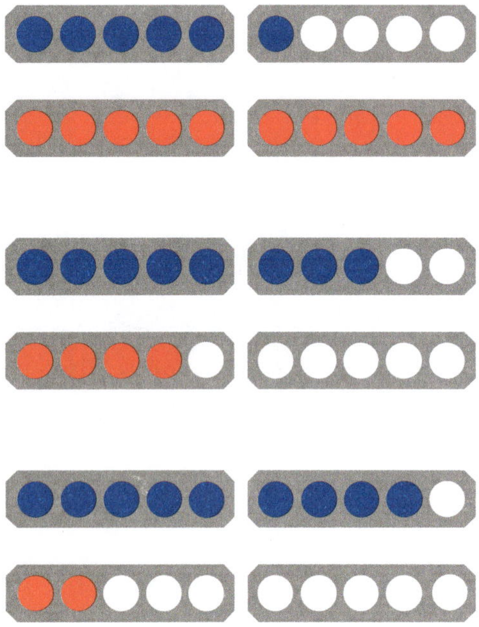

___ mehr

___ mehr

___ mehr

2 Wie viele sind es? Wie viele sind es weniger?

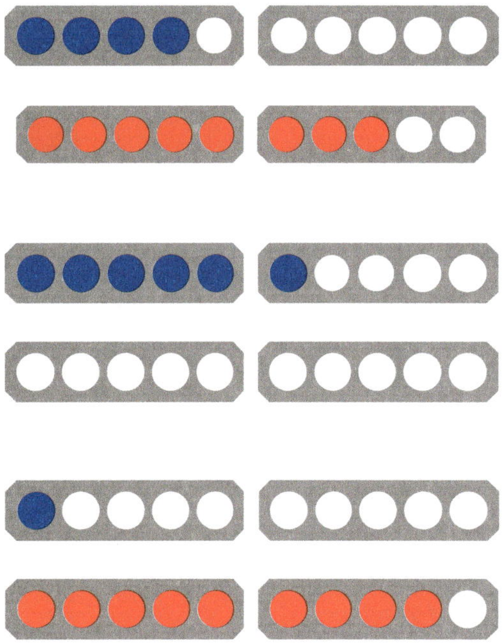

___ weniger

___ weniger

___ weniger

TÜ

3 links ⟵ ⟶ rechts

› **1–2** Anzahlen eintragen. Unterschied bestimmen und passend Zahlenkarten färben.
› **3** Kästchen passend lila (links) oder rot (rechts) färben.

› zu Schulbuch Seite 17

1

2

3

0	1			

6	7			

4

	6	7		

	5		7	

5

6

V	Zahl	N
	2	
	4	

V	Zahl	N
	10	
	8	

V	Zahl	N
	7	
	1	

7

V	Zahl	N
9		
4		
8		

V	Zahl	N
		2
		8
		10

V	Zahl	N
		11
	6	
7		

› **1–4** Fehlende Zahlen der Zahlenreihe eintragen.
› **5–7** Vorgänger, Zahl und Nachfolger eintragen.

› **zu Schulbuch Seite 18 und 19**

1 Kleiner (<), größer (>) oder gleich (=)?

___ ◯ ___   ___ ◯ ___   ___ ◯ ___   ___ ◯ ___

2 Kleiner (<), größer (>) oder gleich (=)?

___ ◯ ___   ___ ◯ ___   ___ ◯ ___   ___ ◯ ___

3

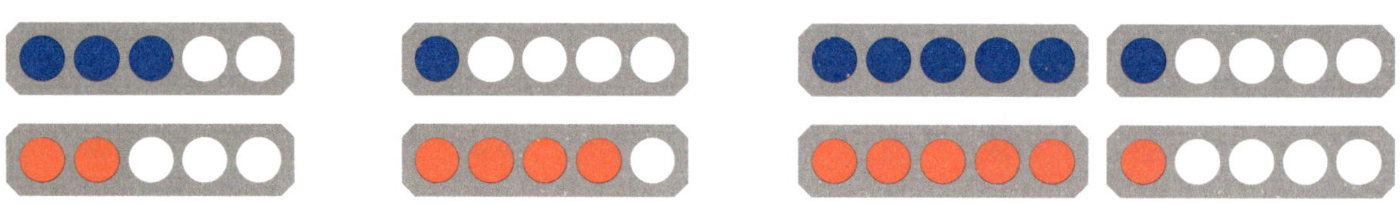

___ ◯ ___   ___ ◯ ___   ___ ◯ ___

4

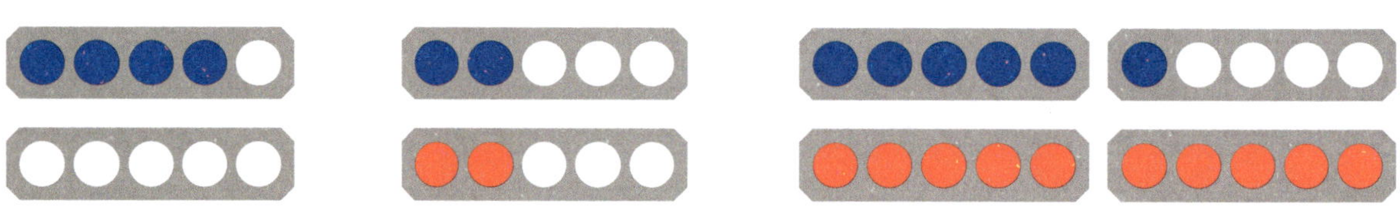

___ ◯ ___   ___ ◯ ___   ___ ◯ ___

5

5 ◯ 7	8 ◯ 4	2 ◯ 0	3 ◯ 10
2 ◯ 9	5 ◯ 5	7 ◯ 10	6 ◯ 12
4 ◯ 4	9 ◯ 6	0 ◯ 7	8 ◯ 11

› **1–4** Anzahlen vergleichen. Zahlen und Relationszeichen schreiben.
› **5** Zahlen vergleichen. Relationszeichen einsetzen (<, =, >).

› zu Schulbuch Seite 20

1

		1.		

2

Male an.

4.	1.	3.	5.	2.

3

			1.			

4

			1.			

Ganz unten ist Blau. Das ist der 1. Becher.

Ganz oben ist Schwarz. Das ist der ____ Becher.

Der 2. Becher ist ____________________.

Der 4. Becher ist ____________________.

grün rot gelb

› **1 und 3** Ordnungszahlen eintragen.
› **2** Zu Ordnungszahlen passend anmalen.
› **4** Ordnungszahlen eintragen und passend anmalen. Sätze ergänzen.

› zu Schulbuch Seite 21

1

2

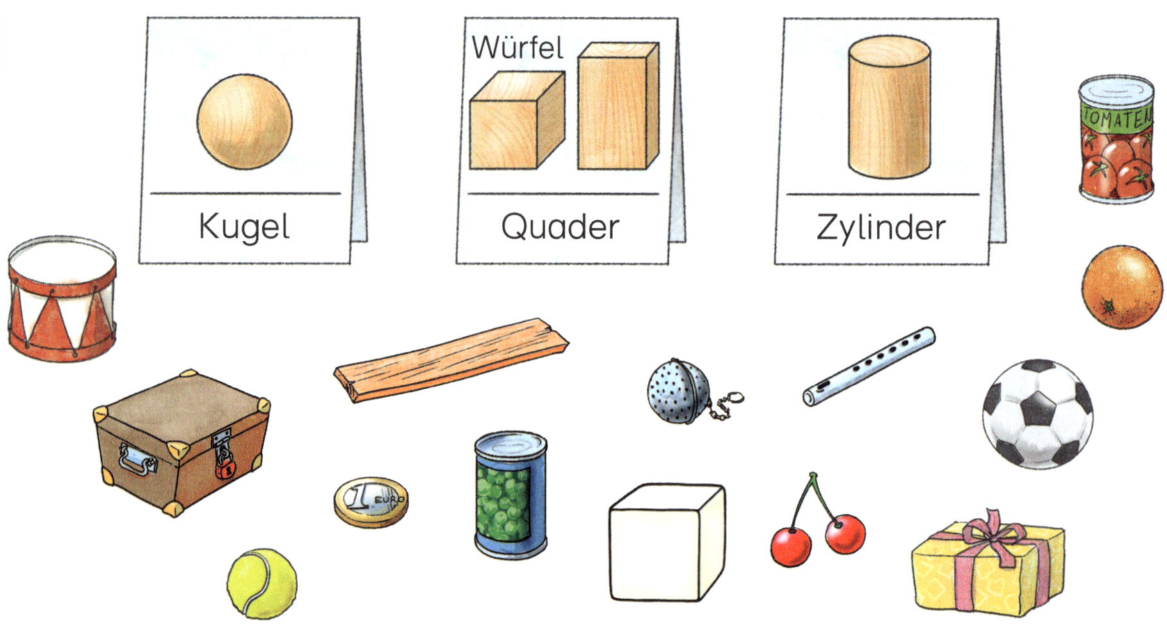

3 Zähle.

Es sind ______ Kugeln. 

Es sind ______ Zylinder. 

Es sind ______ Quader. 

› **1 – 2** Gegenstände und passendes Kärtchen verbinden. Zur besseren Übersicht verschiedene Farben nutzen.
› **3** Körper erkennen und zählen.

› zu Schulbuch Seite 22 und 23

1 Zeichne ○ oder □ oder ▭

2 Wie viele ○, △, ▭, □ sind es?

○	△	▭	davon □

○	△	▭	davon □

○	△	▭	davon □

3 Vierecke? Quadrate?

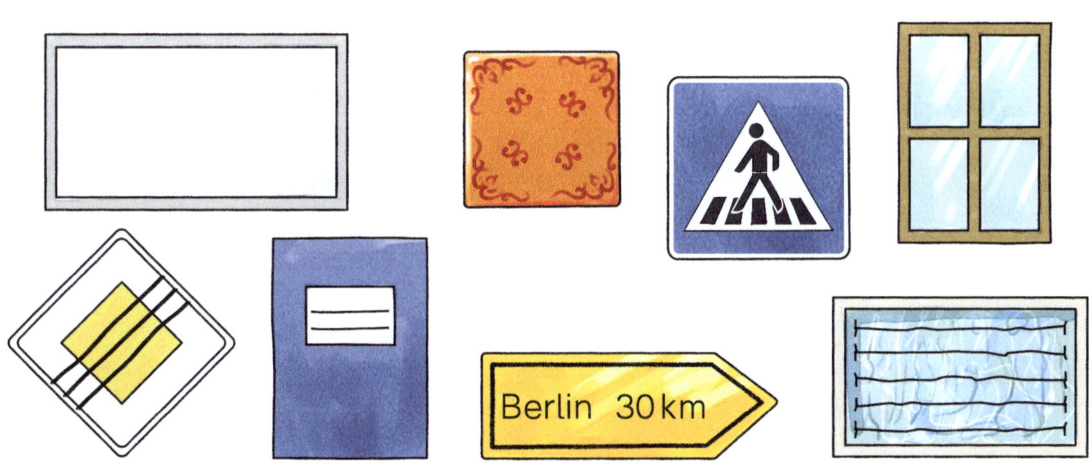

› **1** Flächen zuordnen.
› **2** Anzahl der Flächen eintragen.
› **3** Entsprechende Formen farblich einkreisen.

› zu Schulbuch Seite 24

Zerlegen mit der Schüttelbox

1

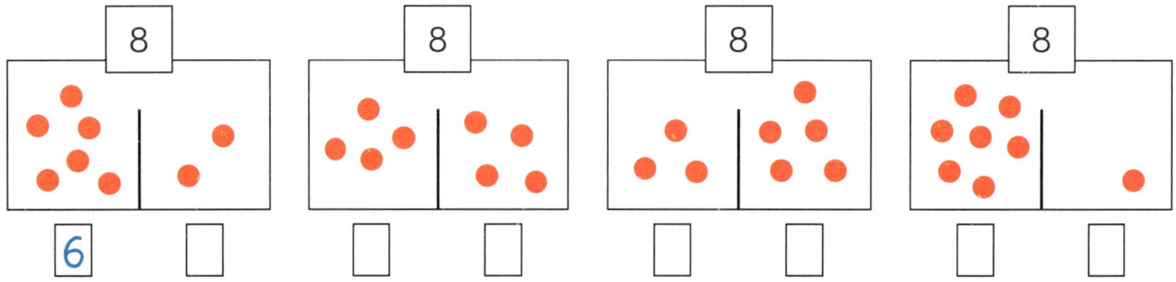

2

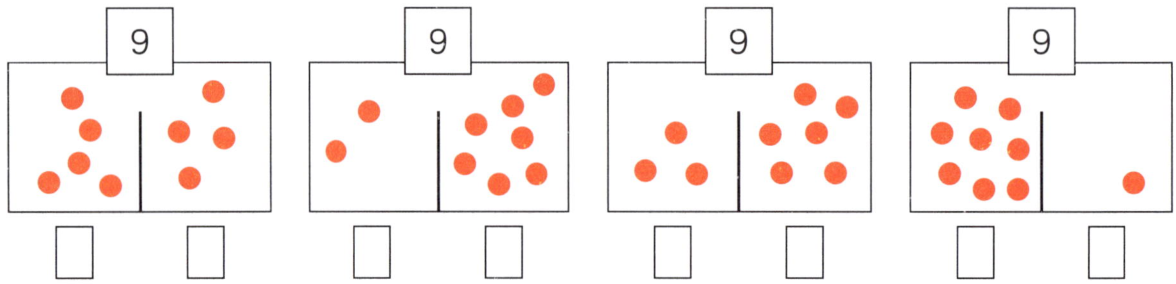

3

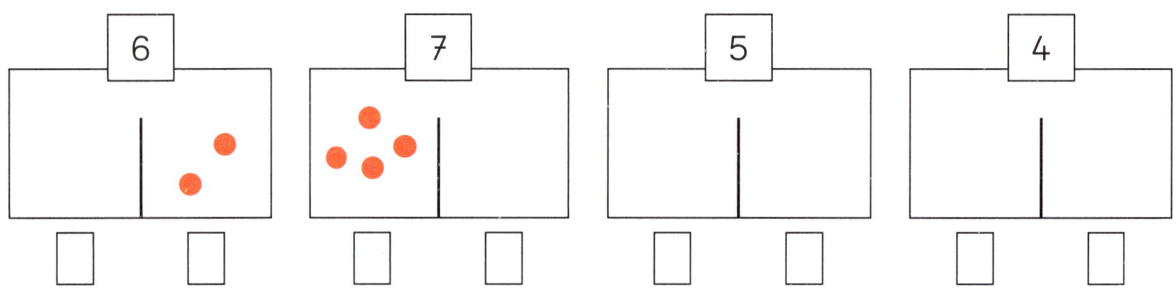

4

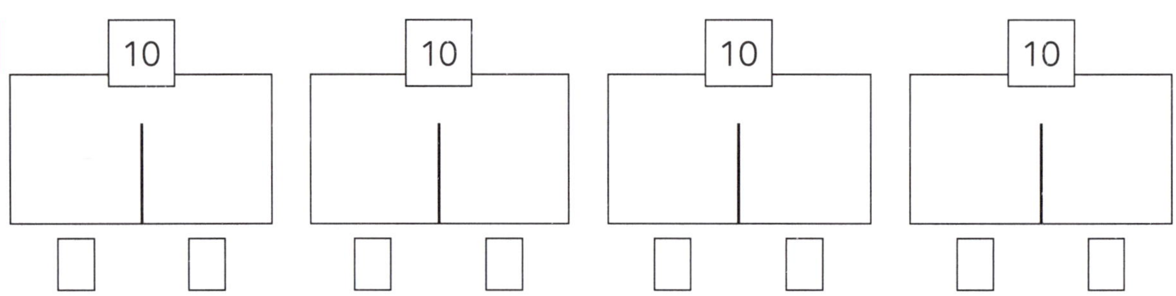

TÜ

5

1 – 2 – 3 – ☐ – ☐ – 6   3 – 4 – ☐ – ☐ – 7

4 – ☐ – ☐ – ☐ – 8 – 9   8 – 7 – ☐ – ☐ – 4

› **1 – 2** Zerlegung angeben. **2** Zahl und Zerlegung eintragen. **3** Zahl und Punkte ergänzen.
› **4** Zerlegung finden. **5** Zahlenreihe ergänzen.

› zu Schulbuch Seite 27

1

5: 1 ___ | 5: ___ ___ | 5: ___ ___

2

5: 2 3 | 5: 0 5 | 5: 4 1

3

10: ___ ___ | 10: ___ ___

10: ___ ___ | 10: ___ ___

4 Zerlege.

10: 6 4 | 10: 5 5

Zerlegen am Rechenschiff

1

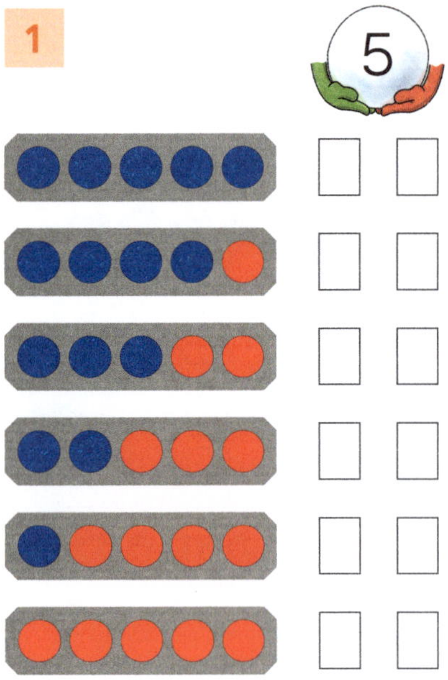

3

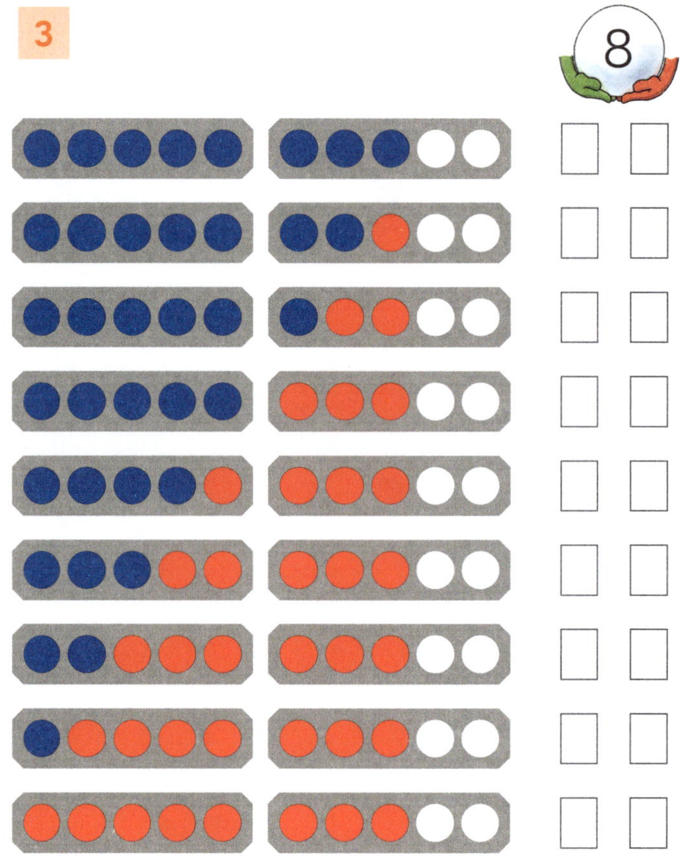

2

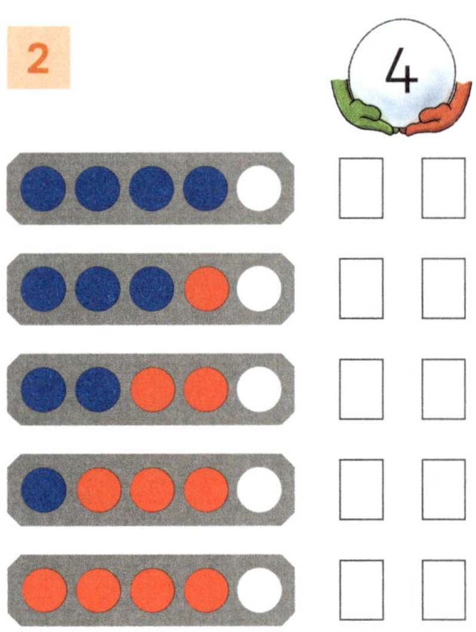

4

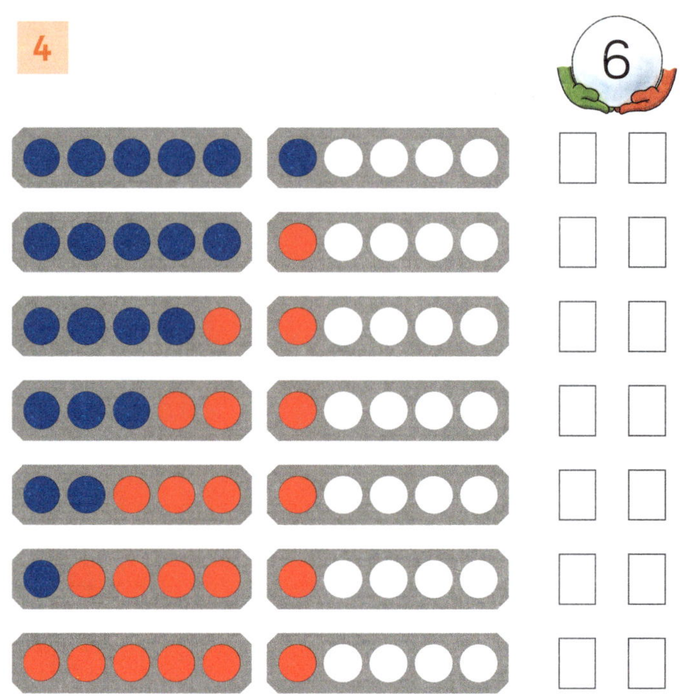

› 1–4 Systematische Zahlzerlegungen schreiben.

› zu Schulbuch Seite 30 und 31

1

3

0	
1	
2	
3	

4

0	
1	
2	
3	
4	

5

0	
1	
2	
3	
4	
5	

2

6

0	
1	
2	
3	
4	
	1
	0

7

0	
1	
2	
3	
4	
	2
	1
	0

3

8

1	
2	
5	
	5
	2
	1

9

1	
2	
5	
	3
	9
	0

4

10

› **1 – 3** Zerlegungen/Zahlenfreunde ergänzen.
› **4** Zerlegungen/Zahlenfreunde finden.

› **zu Schulbuch Seite 32 und 33**

1 Lege aus. Zähle.

0

2 Lege aus. Zähle.

3 Lege anders aus. Zähle.

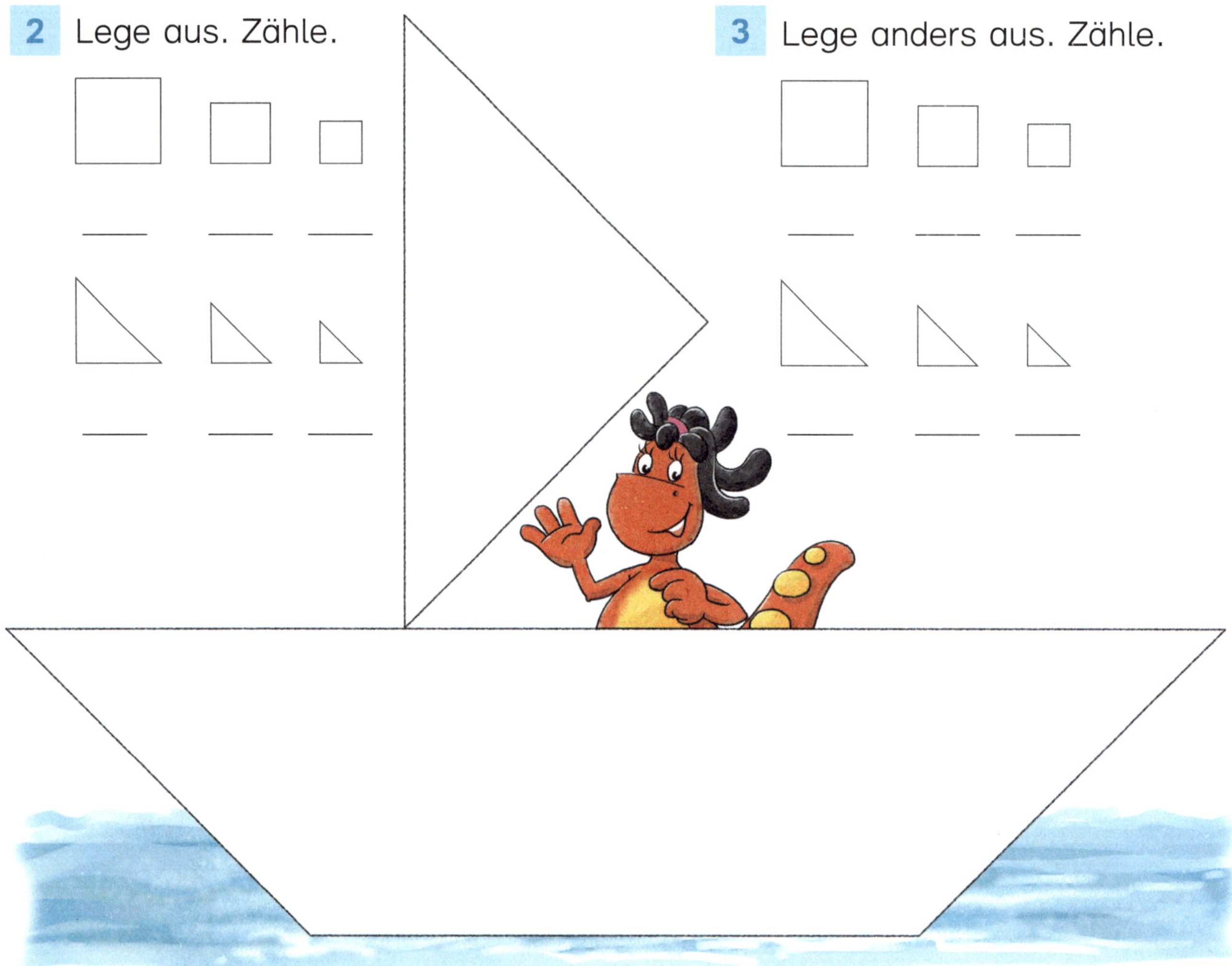

› **2–3** Es sind verschiedene Lösungen möglich.

› zu Schulbuch Seite 34

1

2

3

4

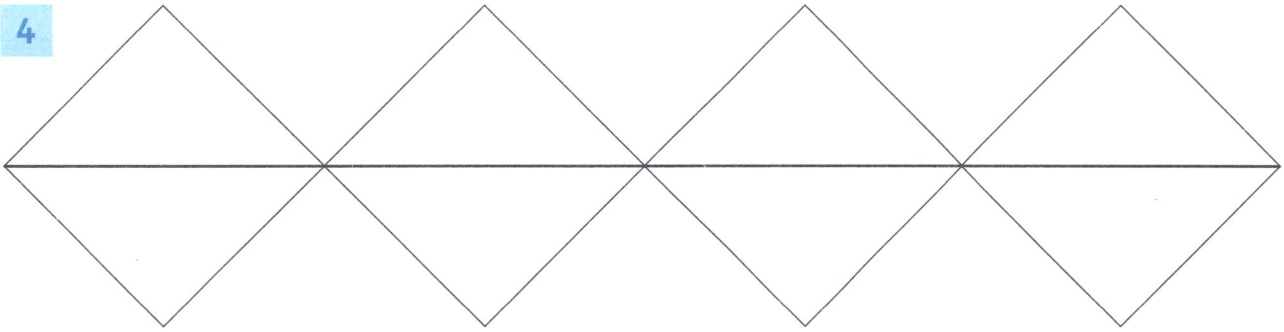

5

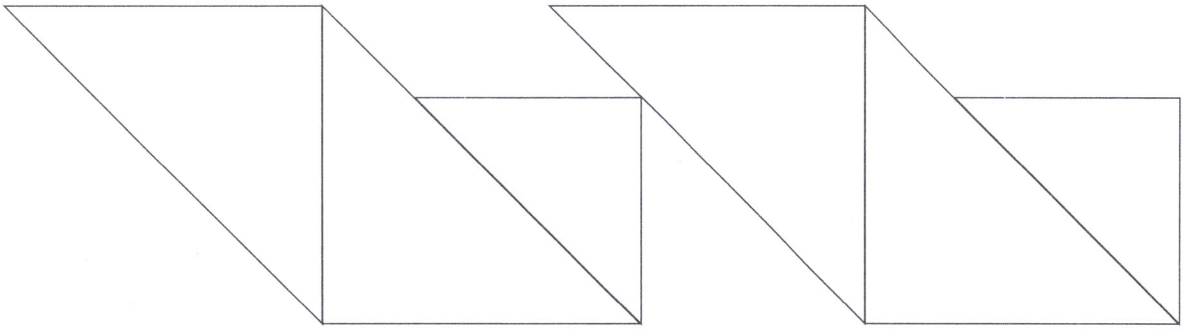

› **1–3** Erst Muster legen, dann ausmalen.
› **4–5** Ein eigenes Muster durch Ausmalen erfinden.

› **zu Schulbuch Seite 35**

1

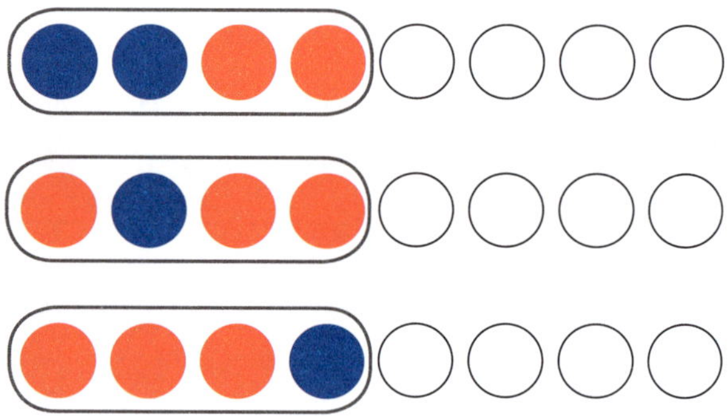

2 Wiederhole das Grundmuster.

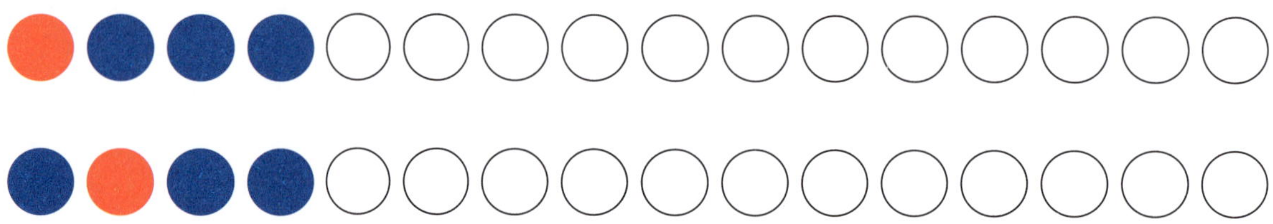

3

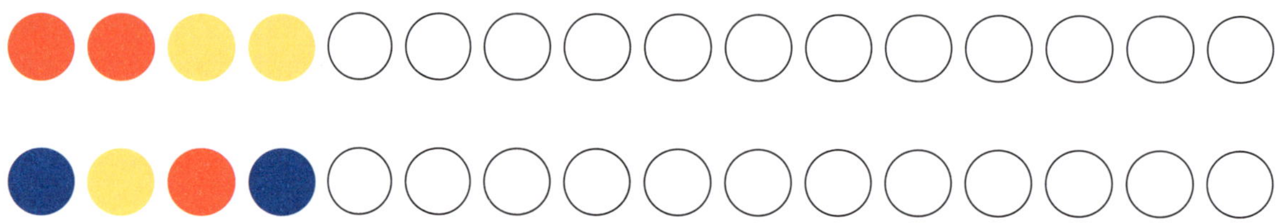

4

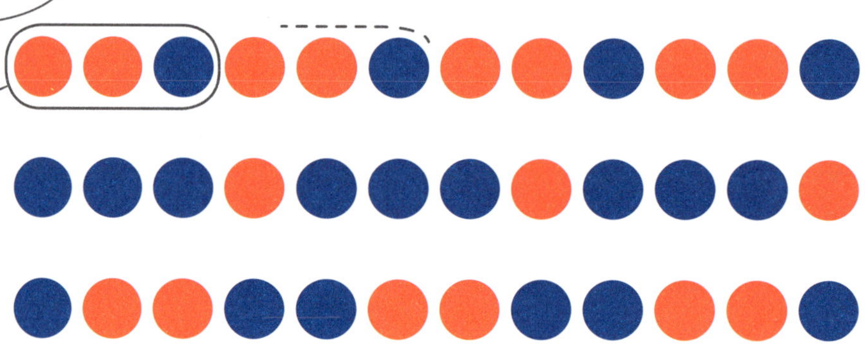

5

› **1–3** Muster fortsetzen.
› **4–5** Grundmuster einkreisen.

› **zu Schulbuch Seite 36**

1

5 + 2 = ______

2

______

3

______

4

______

5

______

6

______

7

______

8

______

› **1–8** Additionsaufgaben schreiben.

1

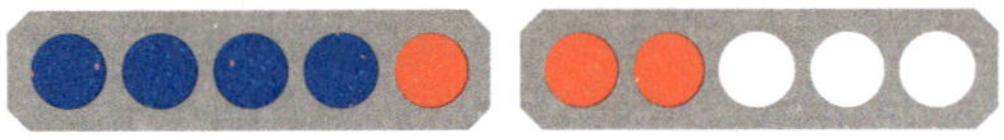

4 + 3 = ___

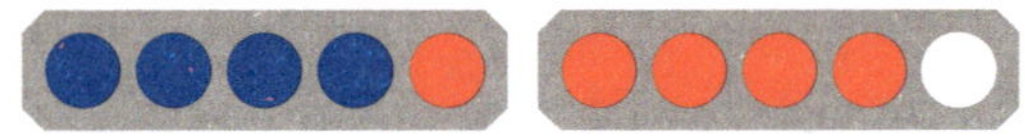

4 + ___

2

___

___

3

3 + 2 = ___

2 + 4 = ___

4

4 + 4 = ___

3 + 3 = ___

5

___

___

6

___

___

TÜ

7

___

___

___

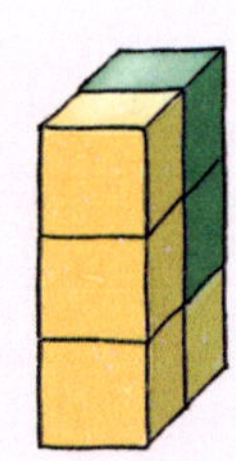

___

› **1–2** Additionsaufgabe erkennen und aufschreiben. **3–4** Plättchen passend zur Aufgabe anmalen. Aufgabe lösen.
› **5–6** Eigene Aufgaben erfinden. Plättchen passend färben.
› **7** Zu den Würfelbauten die passende Additionsaufgabe finden.

› **zu Schulbuch Seite 42**

1

3 + 2 = 5	1 + 5 = ___	4 + 1 = ___
3 + 3 = ___	1 + 6 = ___	4 + 2 = ___
3 + 4 = ___	1 + 7 = ___	4 + 3 = ___
3 + 5 = ___	1 + 8 = ___	4 + 4 = ___
______	______	______

Kreise immer das Ergebnis grün ein. Was fällt dir auf?

Ergebnis: immer ____ mehr.

2

4 + 2 = ___	2 + 3 = ___	1 + 5 = ___
5 + 2 = ___	3 + 3 = ___	2 + 5 = ___
6 + 2 = ___	4 + 3 = ___	3 + 5 = ___
7 + 2 = ___	5 + 3 = ___	4 + 5 = ___
______	______	______

Kreise immer das Ergebnis grün ein. Was fällt dir auf?

Ergebnis: immer ____ mehr.

3

7 + 1 = ___	4 + 3 = ___	5 + 4 = ___
6 + 2 = ___	3 + 4 = ___	4 + 5 = ___
5 + 3 = ___	2 + 5 = ___	3 + 6 = ___
4 + ______	______	______
______	______	______

Kreise immer die zweite Zahl rot ein. Was fällt dir auf?

Zweite Zahl: immer ____ mehr.

Aufgabe und Tauschaufgabe

1

1 + 2 = ____

2 + 1 = ____

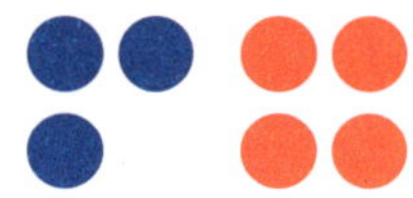

____ + ____ = ____

____ + ____ = ____

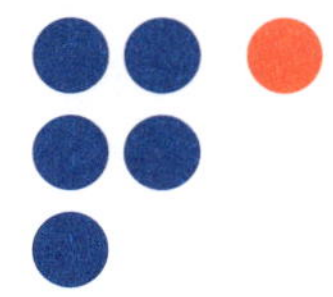

____ + ____ = ____

____ + ____ = ____

2

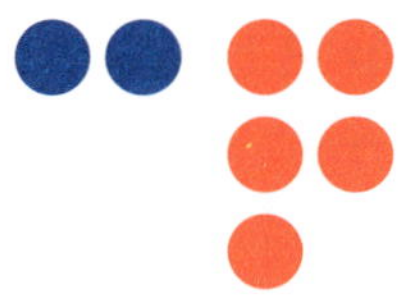

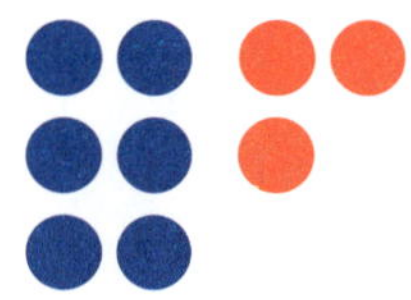

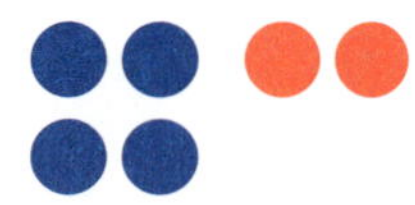

3

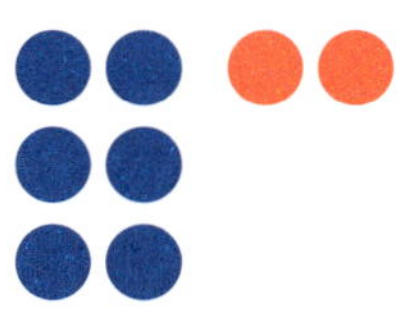

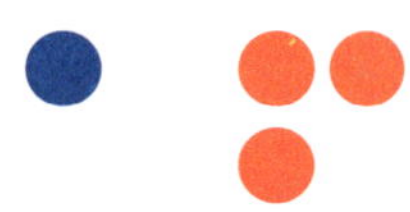

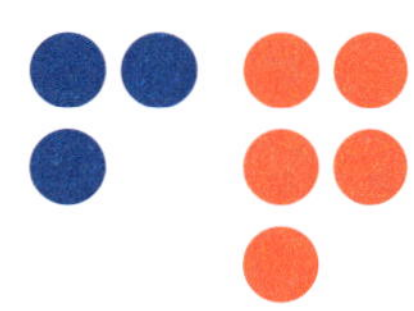

4

TÜ

5

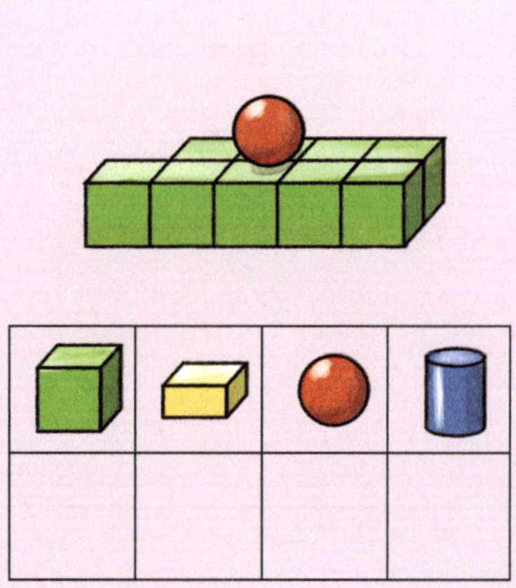

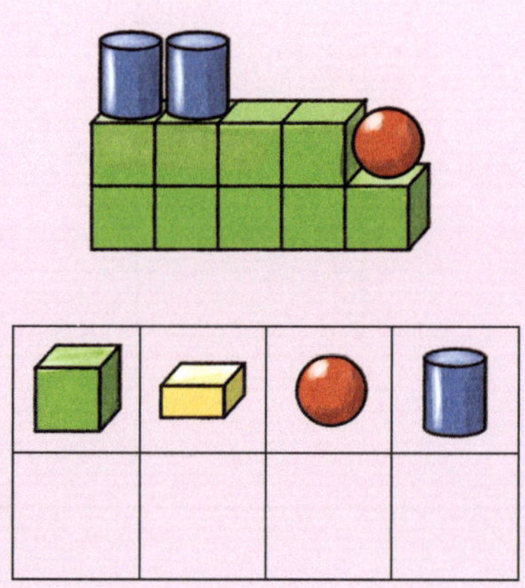

› **1–3** Aufgabe und Tauschaufgabe schreiben.
› **4** Eigene Aufgaben: Malen, Aufgabe und Tauschaufgabe schreiben. **5** Anzahl der Körper eintragen.

› **zu Schulbuch Seite 44**

1

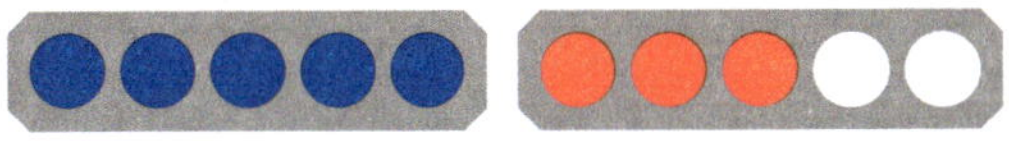

5 + ___ = 8

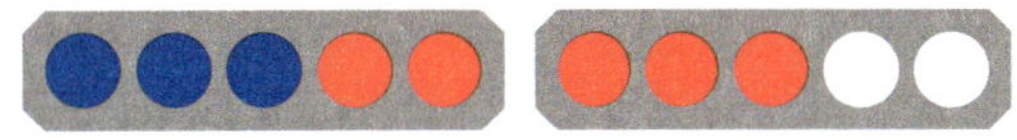

3 + ___ = 8

2

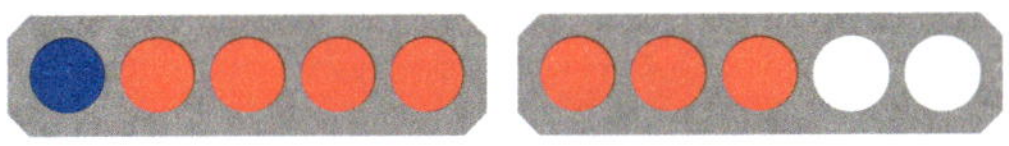

1 + ___ = 8

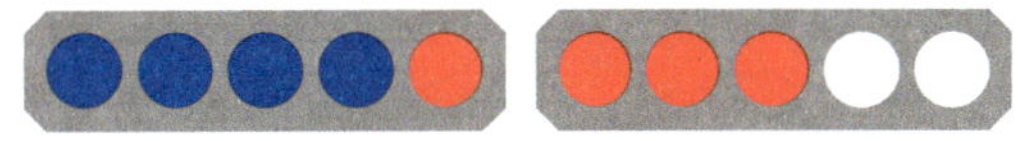

4 + ___ = 8

3

8 + ___ = 8

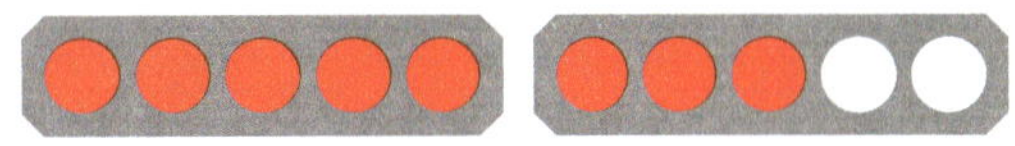

0 + ___ = 8

4

7 + ___ = 9

2 + ___ = 9

5

4 + ___ = 9

6 + ___ = 9

6

5 + ___ = 9

9 + ___ = 9

7

4 + ___ = 6
2 + ___ = 6
1 + ___ = 6

3 + ___ = 7
5 + ___ = 7
6 + ___ = 7

3 + ___ = 5
5 + ___ = 5
0 + ___ = 5

8

___ + 1 = 8
___ + 1 = 4
___ + 3 = 7

___ + 0 = 4
___ + 2 = 8
___ + 8 = 9

___ + 4 = 5
___ + 5 = 7
___ + 6 = 6

› **1–8** Aufgaben ergänzen.
› **4–6** Plättchen passend ausmalen.

› zu Schulbuch Seite 45

Aufgaben zum Entdecken: Zahlenmauern

1

1 2	3 5	4 4	6 3

2

1 8	5 5	2 6	2 8

3

7 3	3 4	0 7	3 3

4

5	5	5	5
2 _	4 _	0 _	3 _

5

9	9	9	9
_ 5	_ 2	_ 4	_ 0

6 Finde viele Möglichkeiten. 10

10	10	10	10
_ _	_ _	_ _	_ _

› **Zahlenmauern:** Benachbarte Zahlen addieren. Die Summe in die Mitte darüber schreiben.
› **4–5** Fehlenden Stein bestimmen, dabei Zahlenfreunde als Hilfe nutzen.
› **6** Eigene Aufgaben: Verschiedene Zahlenmauern finden.

› zu Schulbuch Seite 46

1

4 + 1 = ______

4 + 2 = ______

4 + 3 = ______

4 + 4 = ______

4 + 5 = ______

4 + 6 = ______

2

2 + 1 = ______

2 + 2 = ______

2 + 3 = ______

2 + 4 = ______

2 + 5 = ______

2 + 6 = ______

3

3 + 6 = ______

3 + 5 = ______

3 + 4 = ______

3 + 3 = ______

3 + 2 = ______

3 + 1 = ______

4

4 + 0 = ______

1 + 4 = ______

6 + 1 = ______

5 + 4 = ______

5 + 5 = ______

6 + 2 = ______

5

0 + 5 = ______

6 + 3 = ______

5 + 2 = ______

5 + 1 = ______

5 + 3 = ______

6 + 4 = ______

6

5 + 0 = ______

7 + 2 = ______

6 + 0 = ______

1 + 6 = ______

0 + 4 = ______

7 + 1 = ______

› **1 – 6** Immer zwei Piraten sind gleich gefärbt.

› zu Schulbuch Seite 48 und 49

Tabellen

1

2

+	2	3	4
3	5	6	
6	8		

3

+	3	6	2
2			
4			

4

+	5	0	3
5			
1			

5

+		2	3
7	8		
5			

6

+	5	1	0
	7		
		4	

7

+		6	1
1	10		
			1

TÜ

8

6 ○ 8   2 ○ 2   5 ○ 4
7 ○ 4   10 ○ 9   2 ○ 3
1 ○ 3   9 ○ 7   8 ○ 9

9

5 < ___   7 > ___   1 < ___
5 < ___   7 > ___   1 < ___
5 < ___   7 > ___   1 < ___

› **1 – 7** Tabelle vervollständigen.
› **8** <, > oder = einsetzen.
› **9** Passende Zahlen eintragen.

› **zu Schulbuch Seite 50 und 51**

1

Es waren 6   6 - 1 =

2

Es waren ___ ______________

3

Es waren ___ ______________

4

Es waren ___ ______________

5

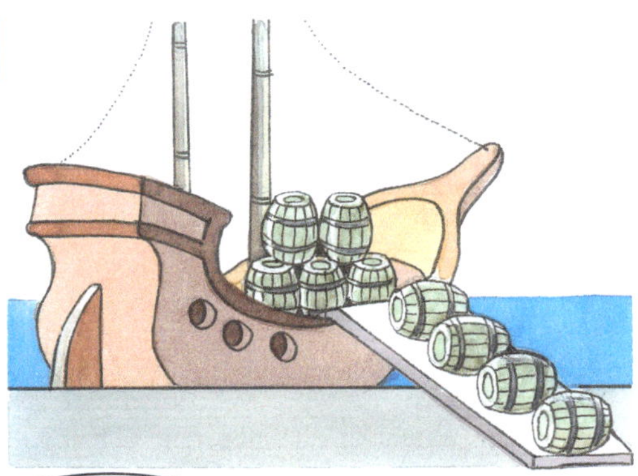

Es waren ___ ______________

6

Es waren ___ ______________

7

Es waren ___ ______________

8

Es waren ___ ______________

› **1–8** Subtraktionsaufgaben schreiben.

1

Es waren ____. ____________

2

Es waren ____. ____________

3

Es waren ____. ____________

4

Es waren ____. ____________

5

Es waren ____. ____________

6

Es waren ____. ____________

7

Es waren ____. ____________

8

Es waren ____. ____________

9

Es waren ____. ____________

10

Es waren ____. ____________

› **1 – 9** Subtraktionsgeschichten erzählen, dann Subtraktionsaufgaben schreiben.
› **10** Eigene Subtraktionsgeschichte erfinden, dann Subtraktionsaufgabe schreiben.

› **zu Schulbuch Seite 52 und 53**

1

6 – 2 = ___ 7 – 4 = ___

2

8 – 5 = ___ 10 – 4 = ___

3

6 - 3 = ___________ ___________

4

___________ ___________

5

___________ ___________

6

___________ ___________

7

1. ☐ ☐ ☐ ☐

› 1–2 Plättchen passend wegstreichen. Subtraktionsaufgaben lösen. 3–4 Subtraktionsaufgaben schreiben.
› 5–6 Eigene Subtraktionsaufgaben erfinden. Plättchen passend färben und wegstreichen.
› 7 Reihenfolge nummerieren.

› zu Schulbuch Seite 55

Aufgaben zum Entdecken: Entdeckerpäckchen

1

6 − 2 = 4	7 − 1 = ___	9 − 3 = ___
6 − 3 = ___	7 − 2 = ___	9 − 4 = ___
6 − 4 = ___	7 − 3 = ___	9 − 5 = ___
6 − ___ = ___	___	___
___	___	___

Kreise immer das Ergebnis grün ein. Was fällt dir auf?

Ergebnis: immer ___ weniger.

2

8 − 0 = ___	10 − 0 = ___	9 − 1 = ___
8 − 2 = ___	10 − 2 = ___	9 − 3 = ___
8 − 4 = ___	10 − 4 = ___	9 − 5 = ___
___	___	___
___	___	___

Kreise immer das Ergebnis grün ein. Was fällt dir auf?

Ergebnis: immer ___ weniger.

3

8 − 6 = ___	9 − 8 = ___	6 − 5 = ___
7 − 5 = ___	8 − 7 = ___	5 − 4 = ___
6 − 4 = ___	7 − 6 = ___	4 − 3 = ___
___	___	___
___	___	___

Kreise immer die erste Zahl blau ein. Was fällt dir auf?

Erste Zahl: immer ______________.

Kreise immer die zweite Zahl rot ein. Was fällt dir auf?

Zweite Zahl: immer ______________.

Kreise immer das Ergebnis grün ein. Was fällt dir auf?

Ergebnis: immer ______________.

___ mehr

gleich

___ weniger

› **Entdeckerpäckchen:** Aufgabenfolgen fortsetzen und lösen. Auffälligkeit beschreiben, Regeln ergänzen.

› zu Schulbuch Seite 56

1

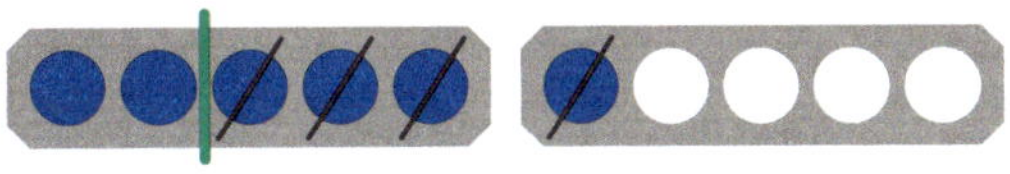

6 – ____ = 2

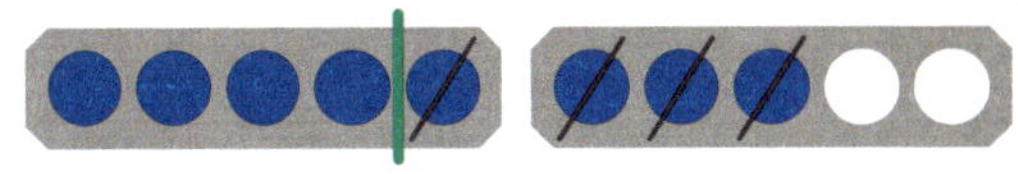

8 – ____ = 4

2

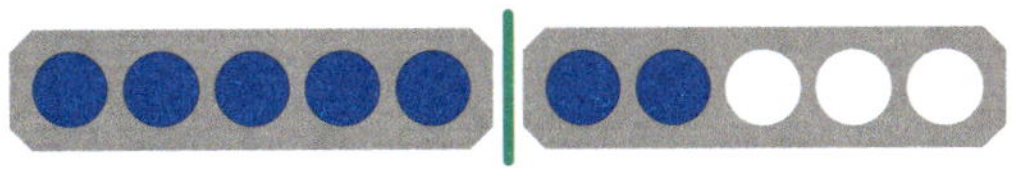

7 – ____ = 5

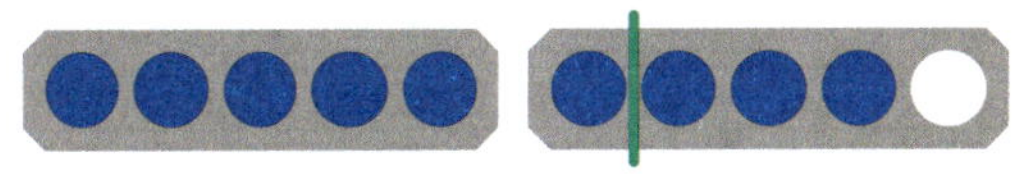

9 – ____ = 6

3

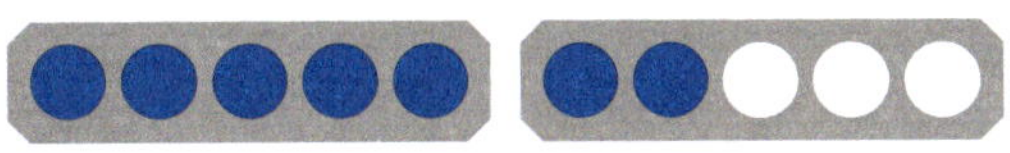

7 – ____ = 4

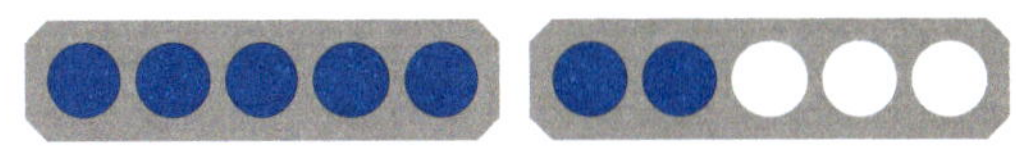

7 – ____ = 2

4

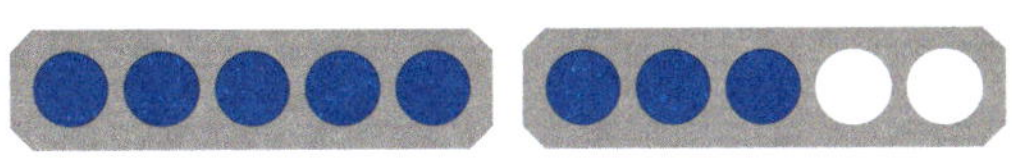

8 – ____ = 3

8 – ____ = 6

5

5 – ____ = 2
5 – ____ = 4
5 – ____ = 3

6 – ____ = 3
6 – ____ = 0
6 – ____ = 5

7 – ____ = 5
7 – ____ = 1
7 – ____ = 6

6

8 – ____ = 1
7 – ____ = 7
4 – ____ = 2

9 – ____ = 4
6 – ____ = 5
8 – ____ = 5

5 – ____ = 0
3 – ____ = 1
6 – ____ = 3

7

TÜ

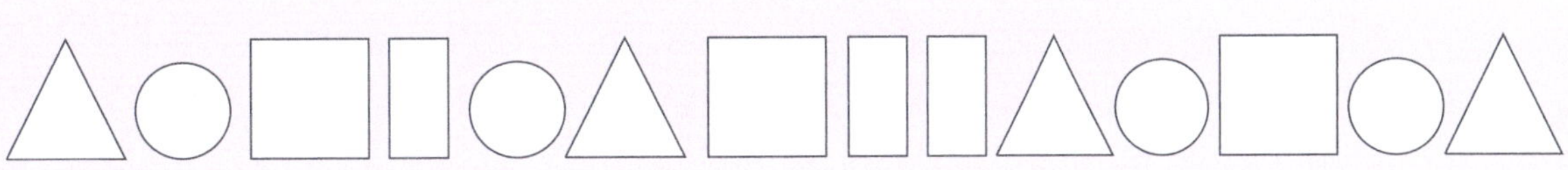

› **1–6** Aufgaben lösen. **2** Plättchen durchstreichen und rechnen.
› **3–4** Bis zu welcher Zahl wird subtrahiert? Strich an passende Stelle malen und Plättchen durchstreichen.
› **7** Geomatrische Formen wie angegeben färben.

› **zu Schulbuch Seite 57**

1

4 2	6 3	5 4	7 8

2

8 3	7 6	9 3	5 0

3

6 4	6 7	10 5	6 6

4

6	7	5	8
4	2	3	3

5

2	4	0	7
5	0	8	2

› **Minustrauben:** Benachbarte Zahlen von links nach rechts subtrahieren.
Die Differenz in die Mitte darunter schreiben. Nicht lösbare Trauben möglich.
› **4–5** Fehlende Traube bestimmen.

› zu Schulbuch Seite 58

1

9 – 3 = ____
9 – 4 = ____
9 – 5 = ____
9 – 6 = ____
9 – 7 = ____
9 – 8 = ____

2

7 – 1 = ____
7 – 2 = ____
7 – 3 = ____
7 – 4 = ____
7 – 5 = ____
7 – 6 = ____

3

8 – 2 = ____
8 – 3 = ____
8 – 4 = ____
8 – 5 = ____
8 – 6 = ____
8 – 7 = ____

4

10 – 4 = ____
10 – 5 = ____
10 – 6 = ____
10 – 7 = ____
10 – 8 = ____
10 – 9 = ____

5

6 – 6 = ____
6 – 1 = ____
3 – 1 = ____
6 – 0 = ____
5 – 2 = ____
4 – 3 = ____

6

6 – 4 = ____
3 – 2 = ____
10 – 2 = ____
6 – 3 = ____
4 – 4 = ____
9 – 2 = ____

› **1 – 6** Immer zwei Schiffe sehen gleich aus.

› zu Schulbuch Seite 60 und 61

1 Kreise ein.

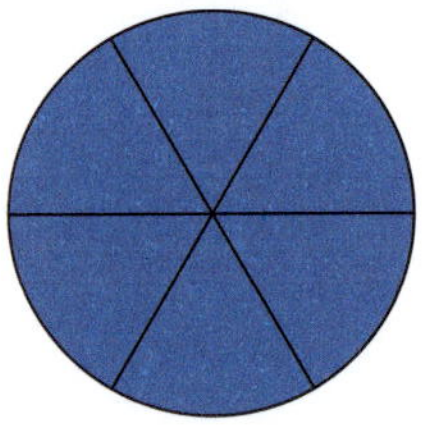

 gewinnt: sicher | möglich | unmöglich

 gewinnt: sicher | möglich | unmöglich

2

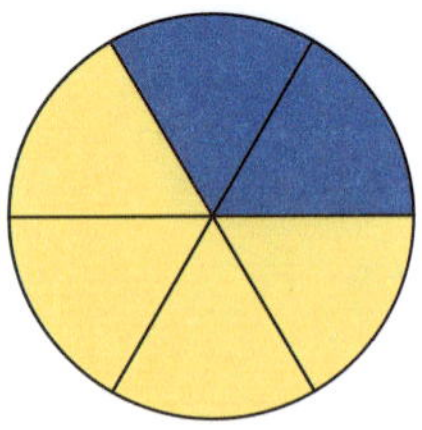

 gewinnt: sicher | möglich | unmöglich

 gewinnt: sicher | möglich | unmöglich

3

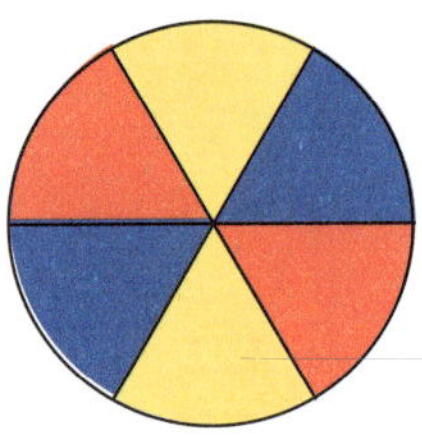

 gewinnt: sicher | möglich | unmöglich

 gewinnt: sicher | möglich | unmöglich

4

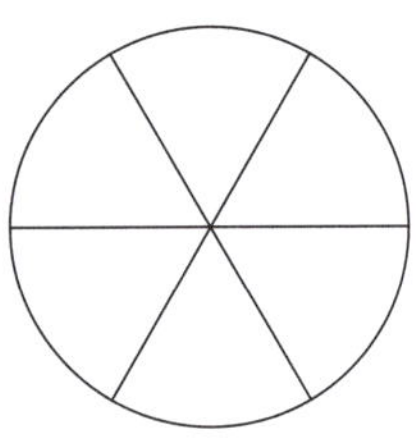

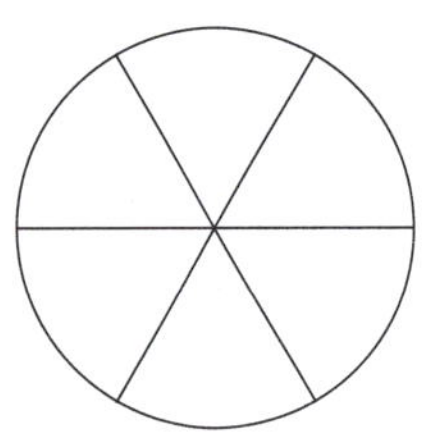

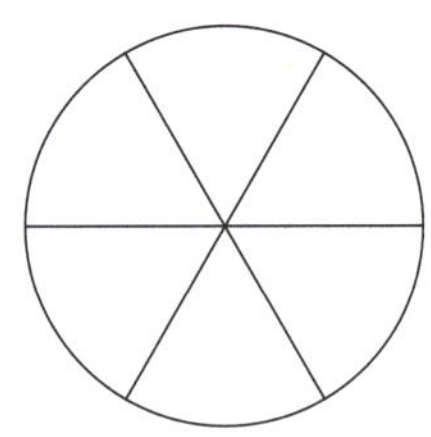

 gewinnt: möglich

 gewinnt: unmöglich

 gewinnt: möglich

TÜ

5

4 + 4 = ___	4 + 6 = ___	7 + ___ = 10	3 + ___ = 9
7 + 1 = ___	9 + 0 = ___	5 + ___ = 10	___ + 2 = 9
5 + 3 = ___	4 + 3 = ___	1 + ___ = 10	___ + 1 = 8
6 + 2 = ___	8 + 2 = ___	3 + ___ = 10	9 + ___ = 8

› 1–3 Ergebnisse beurteilen: Ist es sicher, möglich oder unmöglich?
› 4 Glücksräder passend färben. Es gibt verschiedene Möglichkeiten.

› zu Schulbuch Seite 62 und 63

1

4 + 2 = ___ (+2: 4 → ___)

6 − 2 = ___ (−2: 6 → ___)

2

1 + 7 = ___ (+7: 1 → ___)

8 − 7 = ___ (−7: 8 → ___)

3

2 + 8 = ___ (+8: 2 → ___)

10 − 8 = ___ (−8: 10 → ___)

4

6 + 3 = ___ (+3: 6 → ___)

___ − ___ = ___ (−3: 9 → ___)

5

1 + 5 = ___ (+5: 1 → ___)

___ − ___ = ___ (−5: 6 → ___)

6

9 − 4 = ___ (−4: 9 → ___)

___ + ___ = ___ (+4: ___ → 9)

7

7 − 3 = ___ (−3: 7 → ___)

___ + ___ = ___ (+3: ___ → 7)

8

7 − 4 = ___ (−4: 7 → ___)

___ + ___ = ___ (___ → 7)

9

10 − 6 = ___ (___ → 10)

___ + ___ = ___ (___ → 10)

› **1–9** Additions- und Subtraktionsaufgaben am Rechenstrich lösen.

› zu Schulbuch Seite 64

1 ___ + 5 = 8

8 − 5 = ___

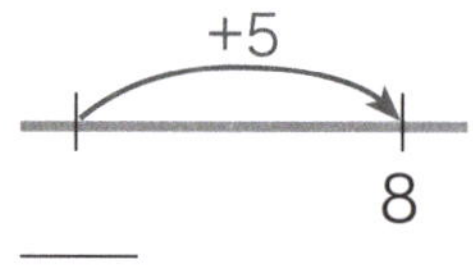

2 ___ + 2 = 7

7 − 2 = ___

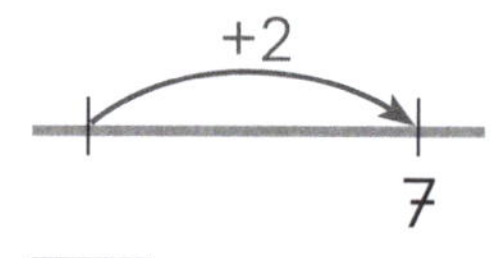

3 ___ + 6 = 9

9 − ___ = ___

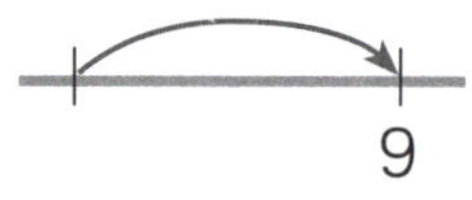

4 ___ + 1 = 4

4 − ___ = ___

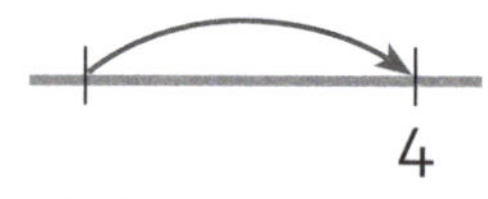

5 ___ + 8 = 9

____

___ + 4 = 10

____

___ + 6 = 8

____

6 ___ − 4 = 2

2 + 4 = ___

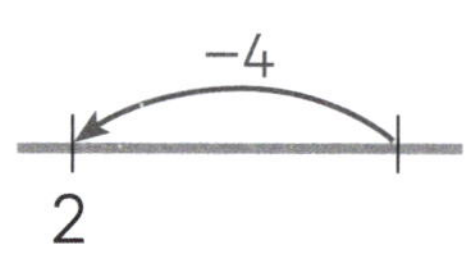

7 ___ − 3 = 5

5 + 3 = ___

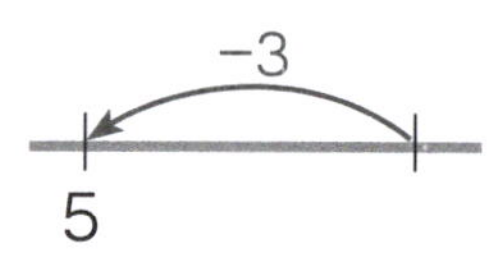

8 ___ − 3 = 7

7 + ___ = ___

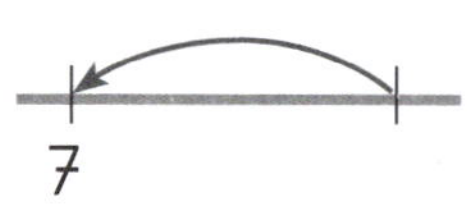

9 ___ − 7 = 1

1 + ___ = ___

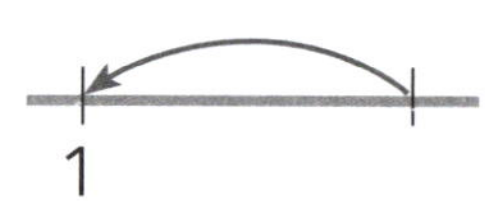

10 ___ − 7 = 2

____

___ − 4 = 6

____

___ − 5 = 2

____

11 ___ − 1 = 3

____

___ − 8 = 0

____

___ − 5 = 5

____

› **1–4, 6–9** Platzhalteraufgaben mit Hilfe der Umkehraufgabe lösen. Am Rechenstrich darstellen.
› **5, 10, 11** Platzhalteraufgaben mit Hilfe der Umkehraufgabe lösen.

› **zu Schulbuch Seite 65**

1

2

3

4

5

6

7

8

9

10

Addiere zur Zahl 2 die Zahl 5.

______

Ein Summand heißt 5. Die Summe ist 9.

______

Addiere die Zahlen 3, 4 und 3.

______

TÜ

1

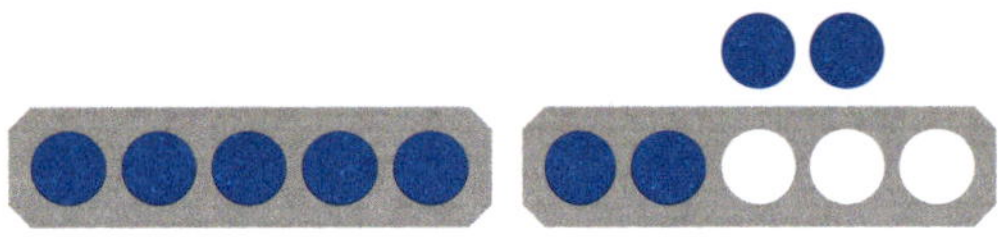

9 − 2 = 7 , denn 7 + 2 = 9

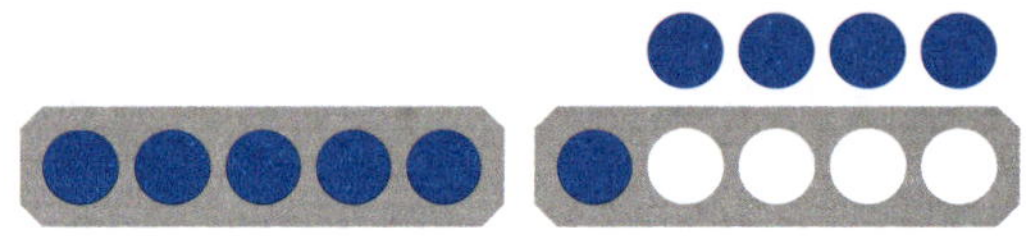

___ − 4 = 6 , denn 6 + 4 = ___

2

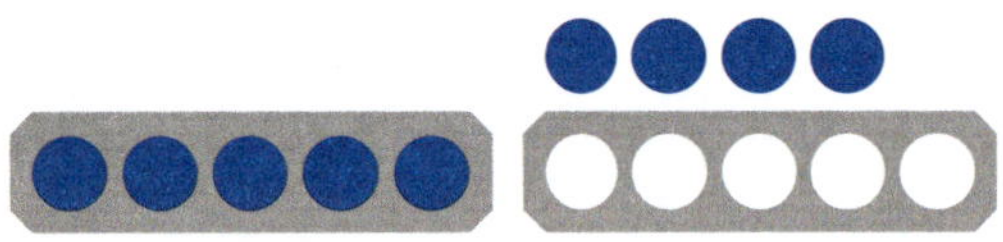

___ − 4 = ___ , denn ___ + 4 = ___

___ − 3 = 4 , denn ___ + 3 = ___

3

___ − 5 = ___ , denn ___ + 5 = ___

___ − 4 = ___ , denn ___ + 4 = ___

4

___ − 3 = 6
6 + 3 = ___

___ − 4 = 4
___ + 4 = ___

___ − 9 = 1
___ + 9 = ___

___ − 5 = 5
___ + 5 = ___

5

___ − 4 = 2
___ − 4 = 3
___ − 4 = 1

___ − 3 = 2
___ − 3 = 7
___ − 3 = 3

___ − 7 = 1
___ − 7 = 3
___ − 7 = 2

___ − 8 = 1
___ − 8 = 2
___ − 8 = 0

6

3 + ___ = 7
2 + ___ = 7
5 + ___ = 7

5 + ___ = 8
1 + ___ = 8
4 + ___ = 8

7 + ___ = 9
3 + ___ = 9
9 + ___ = 9

7

___ + 4 = 6
2 + ___ = 9
___ − 3 = 7
10 − ___ = 4

___ + 3 = 5
6 + ___ = 9
___ − 5 = 4
7 − ___ = 6

___ + 1 = 5
6 + ___ = 8
___ − 1 = 9
10 − ___ = 3

___ + 5 = 9
3 + ___ = 8
___ − 2 = 7
8 − ___ = 5

› **1 – 5** Mit der Umkehraufgabe lösen.
› **6 – 7** An die Zahlenfreunde denken.

› **zu Schulbuch Seite 68**

1

	schätzen	messen
1	cm	cm
2	cm	cm

	schätzen	messen
3	cm	cm
4	cm	cm

	schätzen	messen
5	cm	cm
6	cm	cm

	schätzen	messen
7	cm	cm
8	cm	cm

2

5 cm

7 cm

3 cm

6 cm

TÜ

3

1

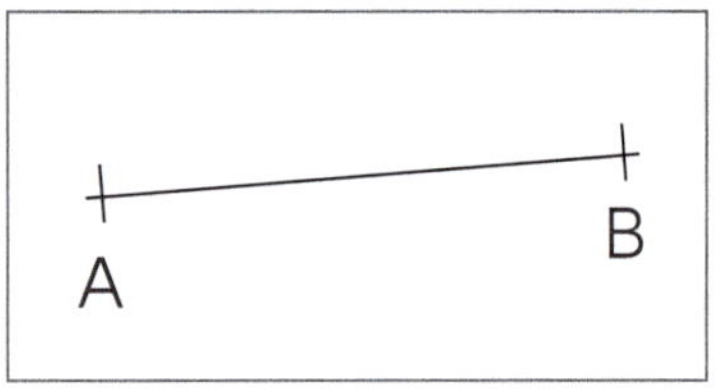

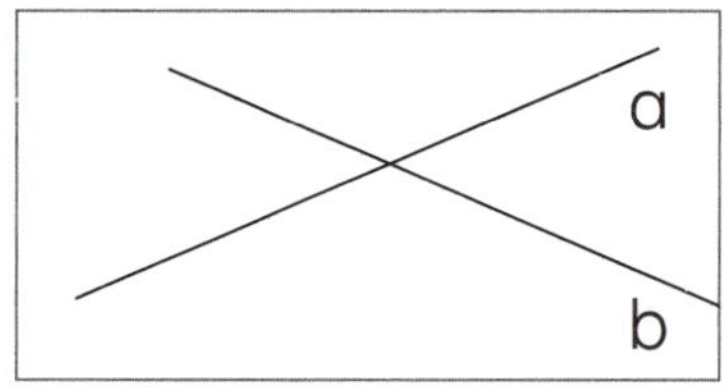

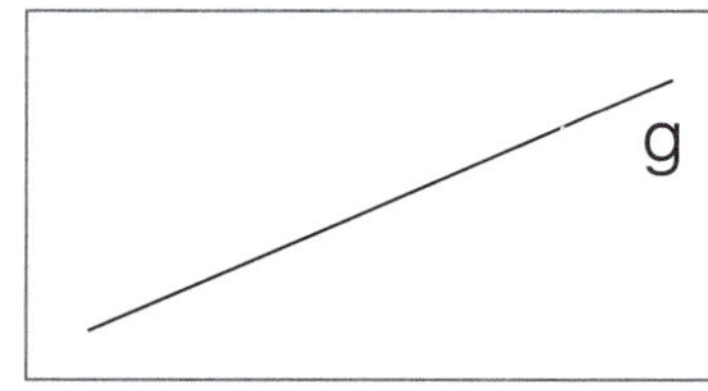

Punkt | Gerade | Strahl | Strecke

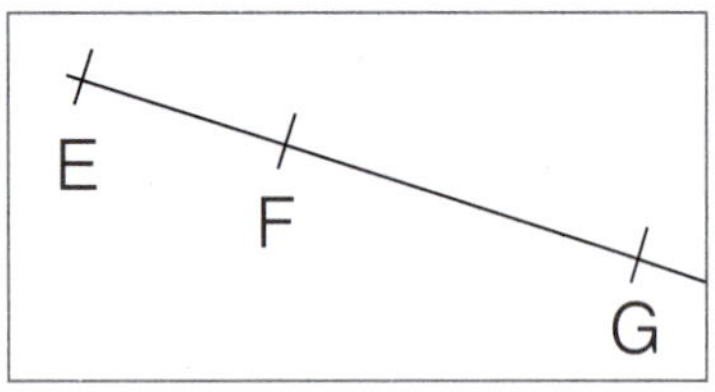

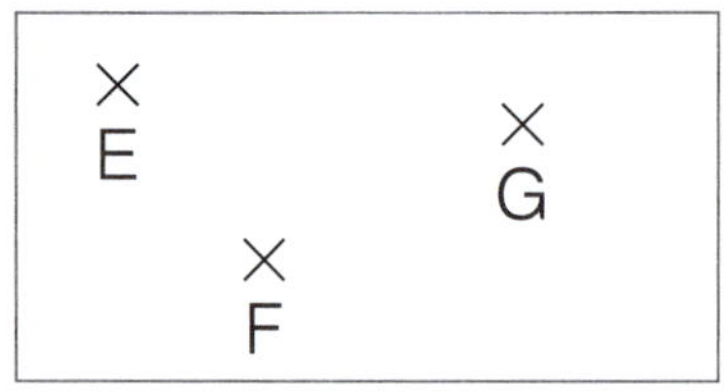

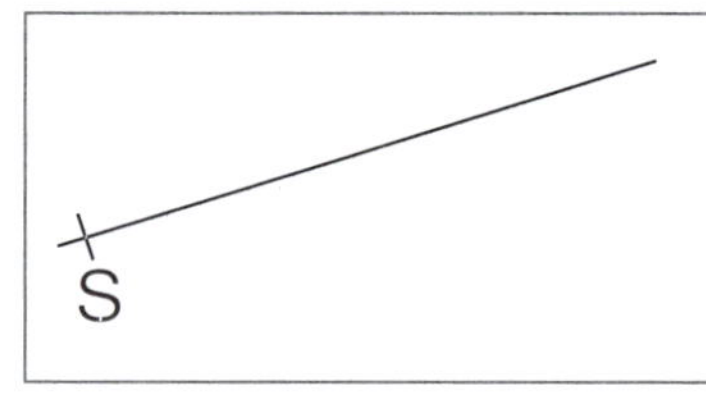

2 Zeichne durch die Punkte Geraden.

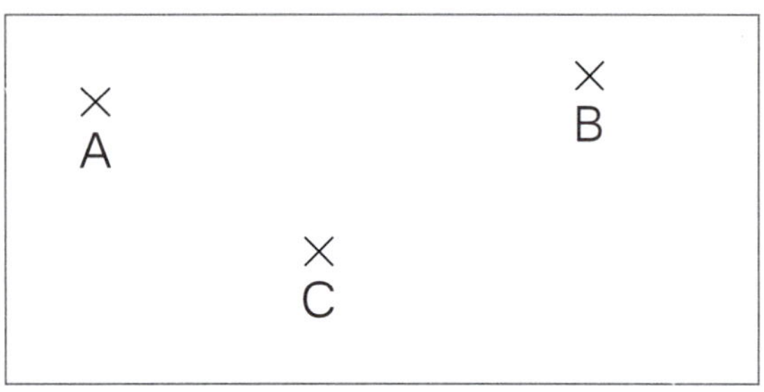

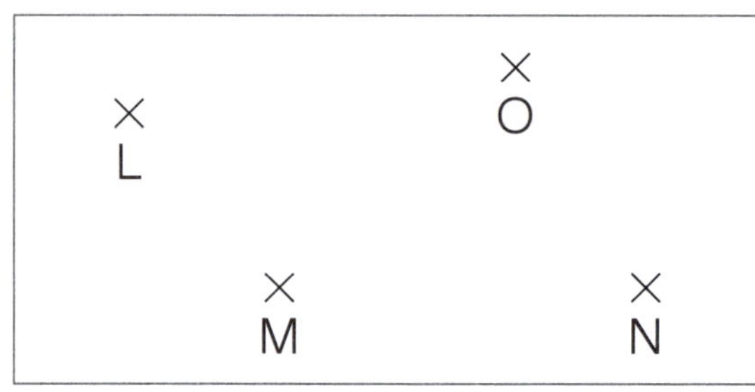

3 Zeichne einen Strahl k.

Zeichne vom Punkt S zwei Strahlen a und b.

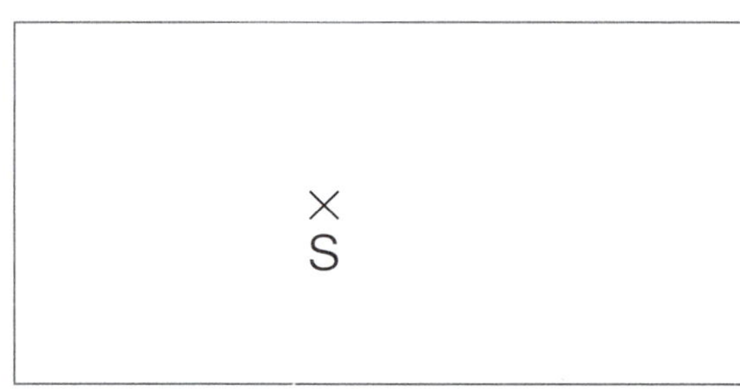

4 Miss die Strecken.

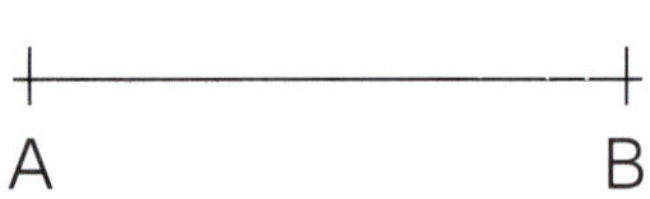

$\overline{AB}$ = _____ cm

$\overline{OP}$ = _____ cm

Zeichne: $\overline{GH}$ = 7 cm

$\overline{LM}$ = 1 cm

$\overline{EF}$ = 5 cm

› **1** Abbildungen den Begriffen zuordnen. Es sind mehrere Lösungen möglich. **2** Geraden zeichnen,
› **3** Strahlen zeichnen, Auf die richtige Beschriftung hinweisen.
› **4** Strecken messen und zeichnen.

› **zu Schulbuch Seite 74 und 75**

1

Z	E

10 + 7 = ______

Z	E

10 +   = ______

2

Z	E

______

Z	E

______

3

Z	E

______

Z	E

______

4

Z	E

______

Z	E

______

5

Z	E

______

Z	E

______

› **1–5** Zehner und Einer eintragen. Additionsaufgaben schreiben.

› zu Schulbuch Seite 77

1

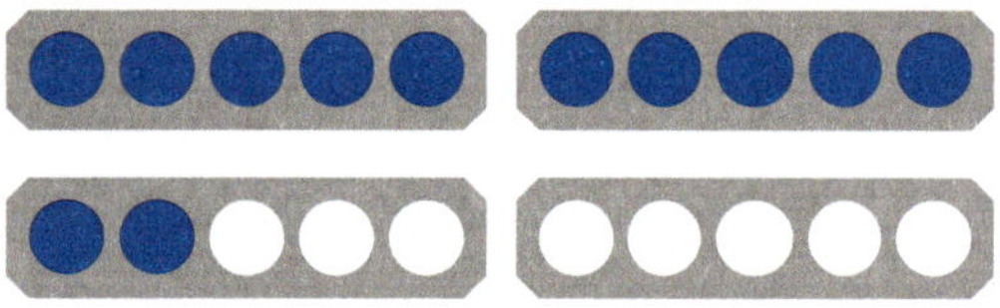

12

10 + ______

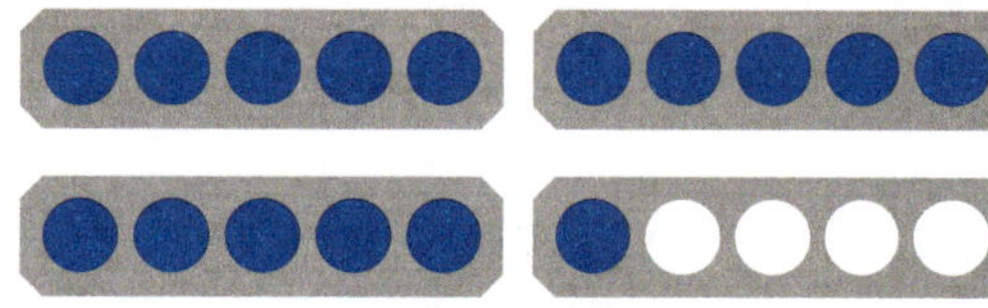

______

2

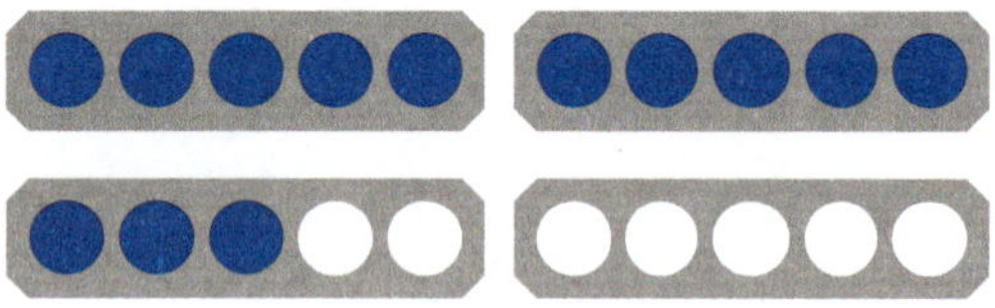

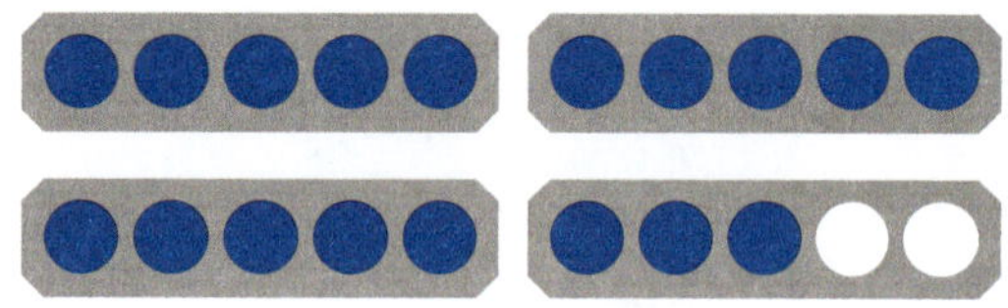

3

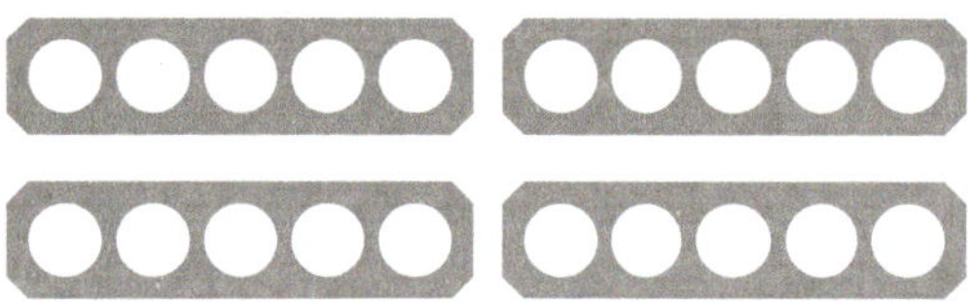

15

10 + ______

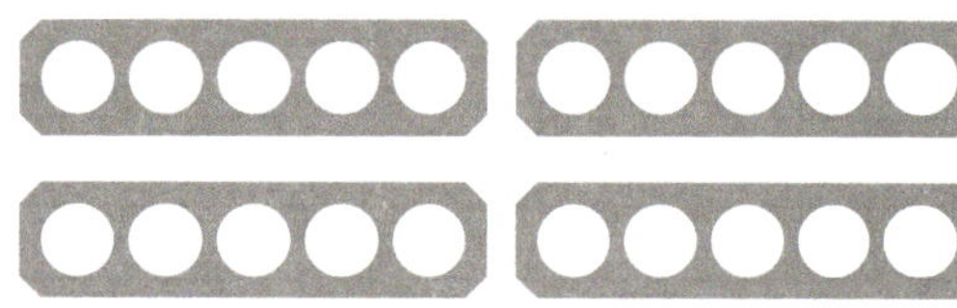

17

______

4

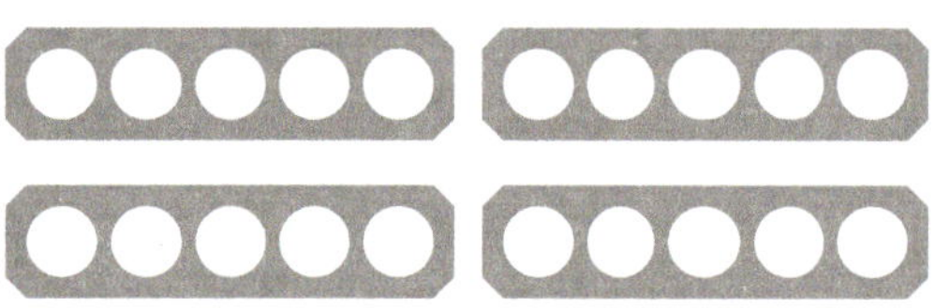

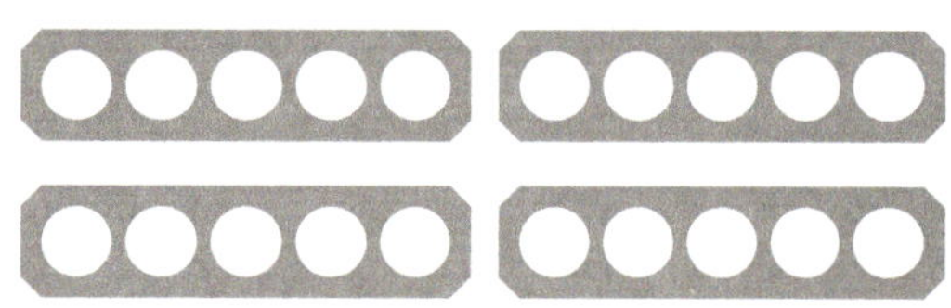

TÜ

5

Es waren 7. 7 - = ______

Es waren ______. ______

› 1–2 Gleichungen schreiben. 3–4 Plättchen malen. Gleichungen schreiben.
› 5 Subtraktionsaufgaben schreiben.

› zu Schulbuch Seite 79

1 Welche Zahl ist es?

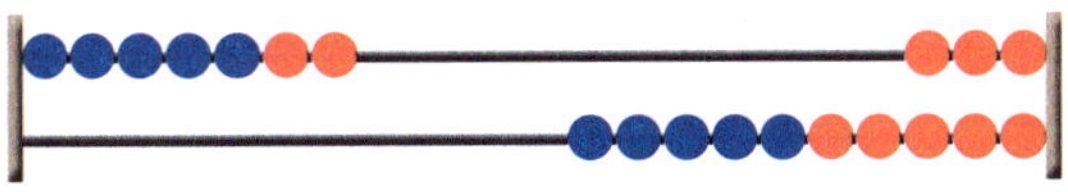

7

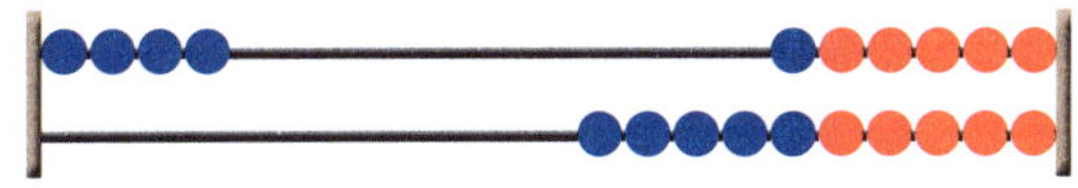

2

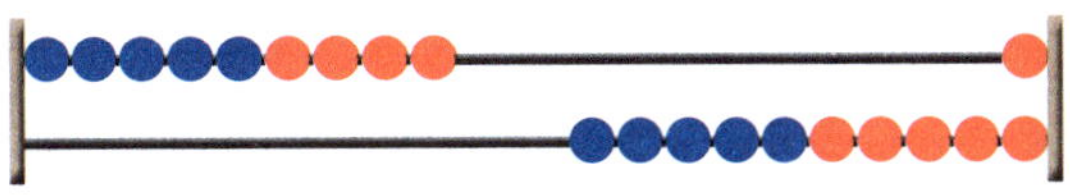

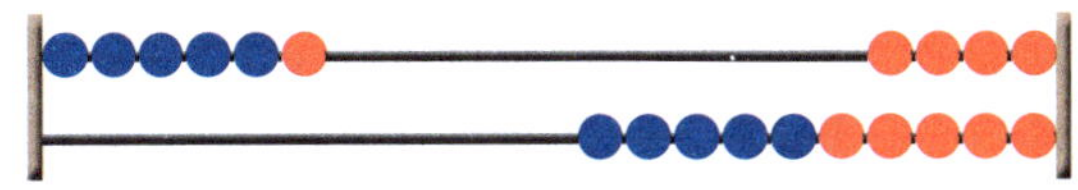

3

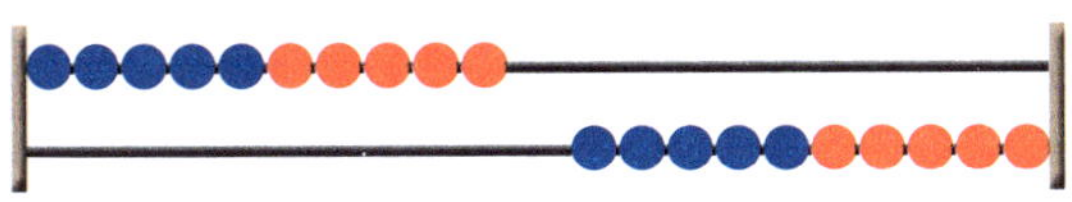

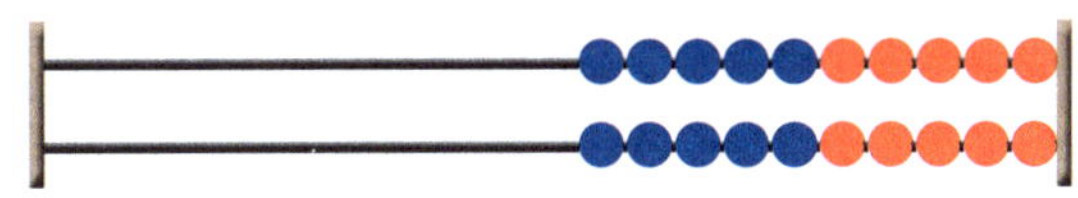

4

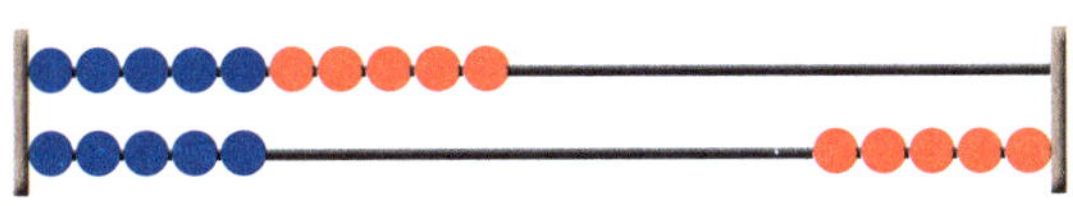

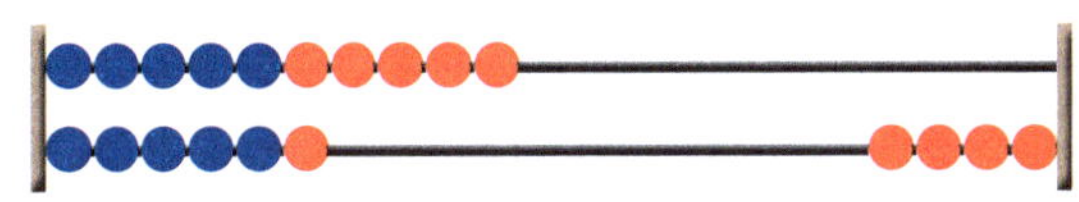

5

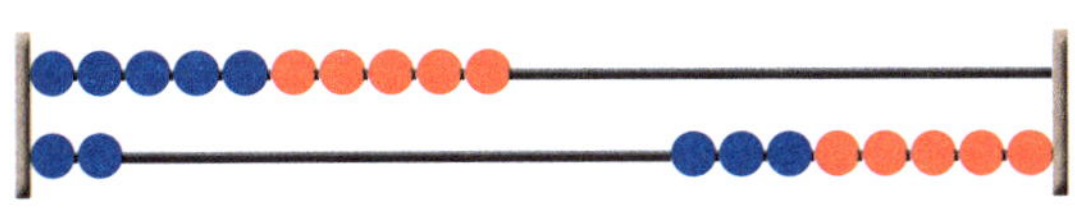

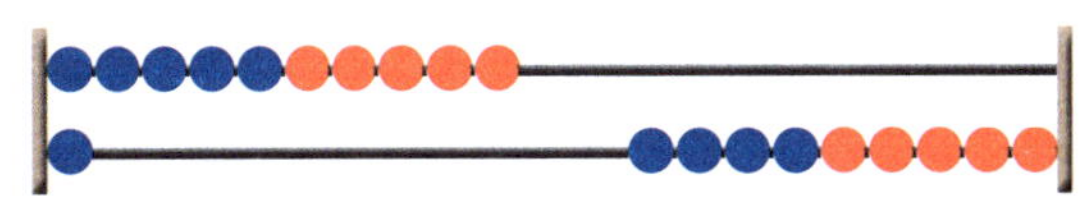

6

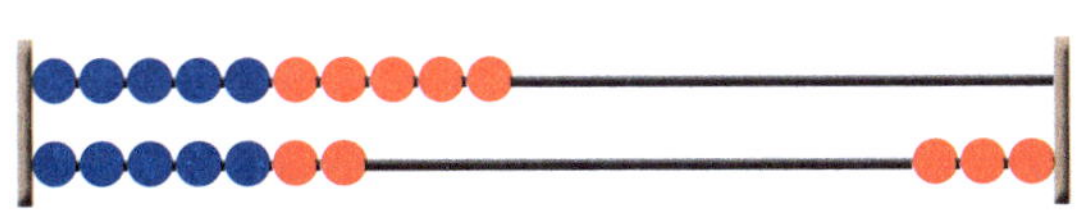

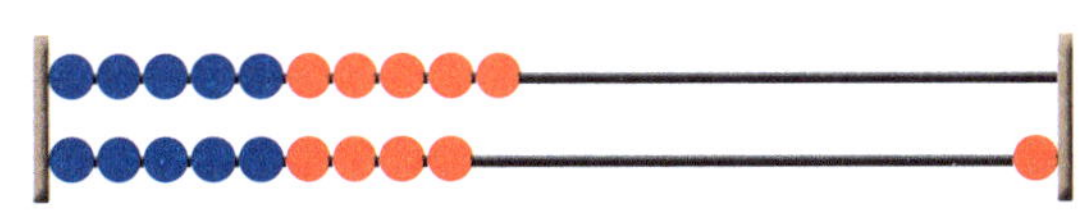

7

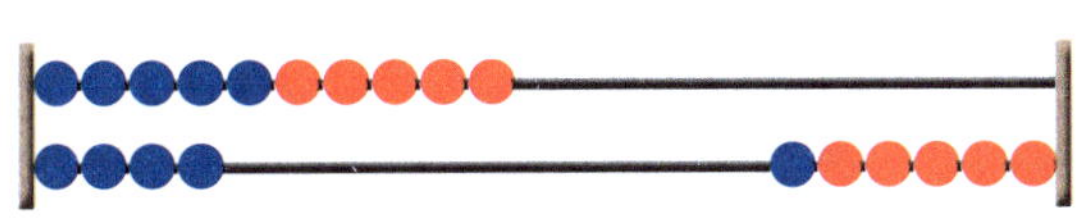

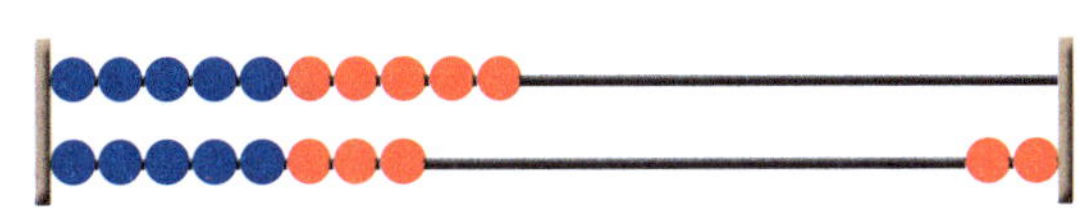

TÜ

8 Färbe Würfel und Quader.

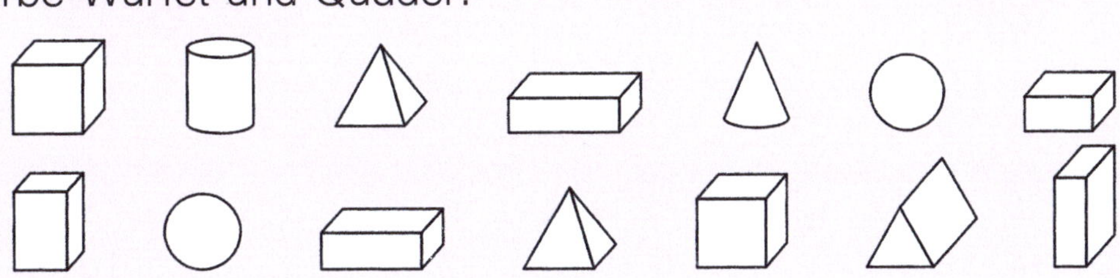

› **1–7** Zahlen am Rechenrahmen ablesen und eintragen.

1 15 – 5 = ___

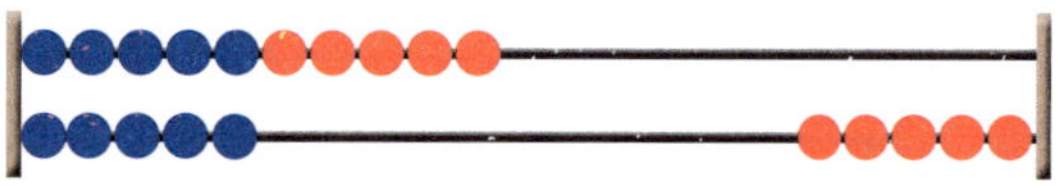

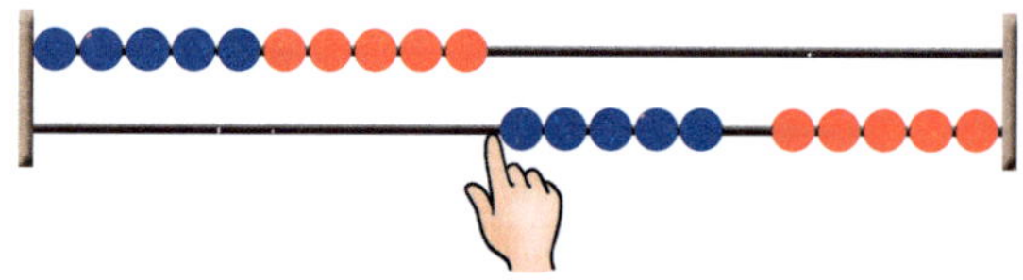

15   10   5 weg

2 17 – 7 = ___

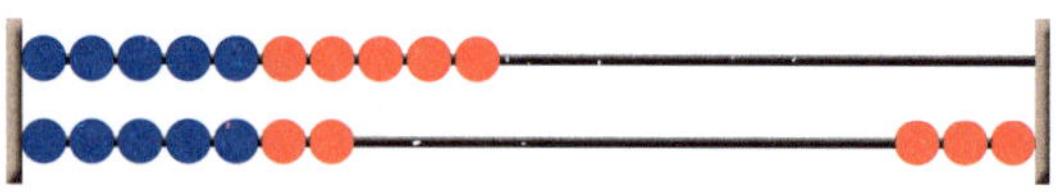

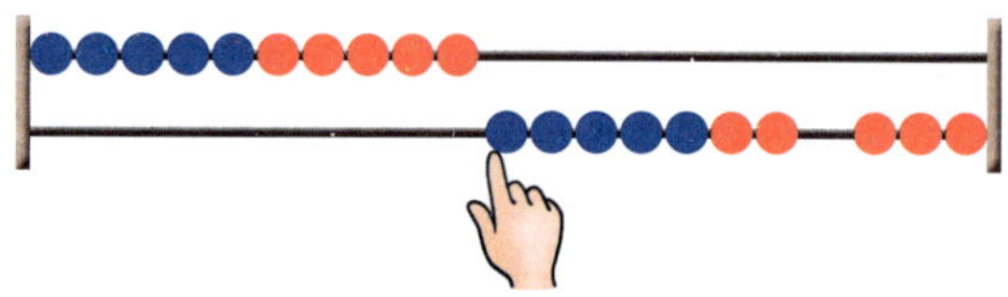

___   ___   ___ weg

3

11 – 1 = ___   16 – 6 = ___   18 – 8 = ___

14 – 4 = ___   12 – 2 = ___   20 – 10 = ___

4

15 – ___ = 10   13 – ___ = 10   19 – ___ = 10

17 – ___ = 10   10 – ___ = 10   12 – ___ = 10

5 10 + 7 = ___

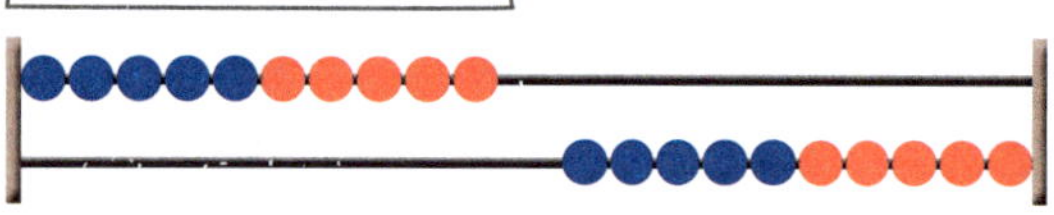

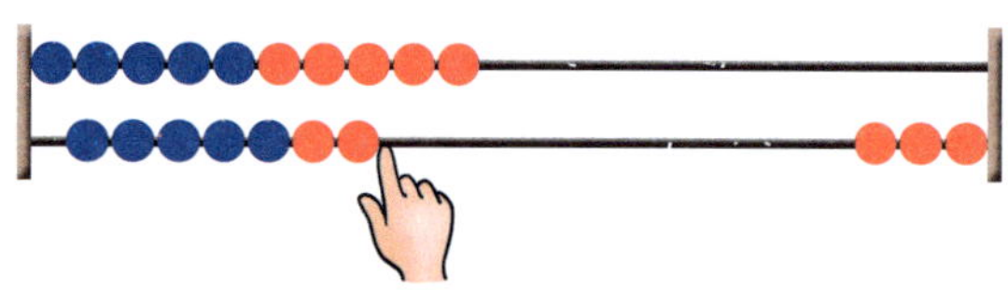

10   17   7 dazu

6 10 + 4 = ___

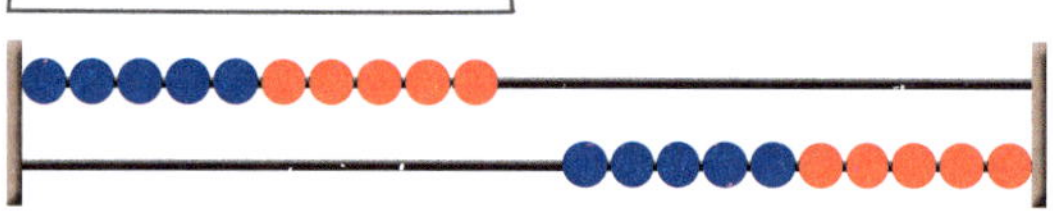

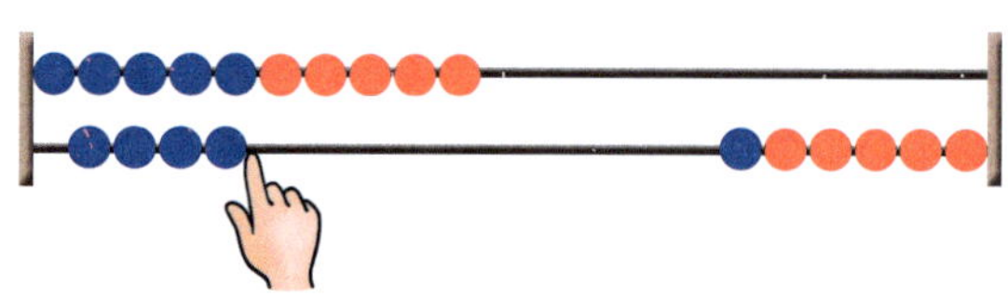

___   ___   ___ dazu

7

10 + 6 = ___   10 + 9 = ___   10 + 1 = ___

10 + 8 = ___   10 + 5 = ___   10 + 3 = ___

8

10 + ___ = 12   10 + ___ = 13   10 + ___ = 10

10 + ___ = 14   10 + ___ = 17   10 + ___ = 20

› **1–4** Zurück zum Zehner rechnen.
› **5–8** Vom Zehner weiter rechnen.

› **zu Schulbuch Seite 83**

1

7	8			

13	14			

2

11	12			

15				

3

	14	15		

		16	17	

4

			15	16

			20	21

5

		13		

		18		

6

				14

				19

7

	16	

Vorgänger Nachfolger

V	Zahl	N
	16	
	18	

V	Zahl	N
	19	
	13	

8

V	Zahl	N
	11	
	15	

V	Zahl	N
	17	
	12	

V	Zahl	N
	14	
	10	

9

V	Zahl	N
12		
11		
18		

V	Zahl	N
		17
		12
		19

V	Zahl	N
	14	
16		
		21

› **1–6** Fehlende Zahlen der Zahlenreihe eintragen.
› **7–9** Fehlende Zahlen eintragen.

› zu Schulbuch Seite 84

1

10 ◯ 11
17 ◯ 17
1 ◯ 10
20 ◯ 19
14 ◯ 18

0 ◯ 10
10 ◯ 13
15 ◯ 15
2 ◯ 20
16 ◯ 12

2

5 ◯ 11
17 ◯ 12
19 ◯ 13
9 ◯ 19
11 ◯ 17

11 ◯ 10
13 ◯ 16
17 ◯ 20
20 ◯ 12
7 ◯ 7

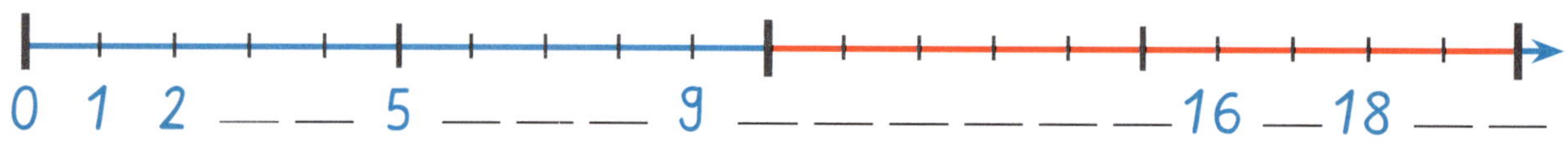

3 Welche Zahlen liegen

zwischen 8 und 12: ________, zwischen 14 und 17: ________,
zwischen 18 und 20: ________, zwischen 15 und 16: ________,
zwischen 5 und 15: ____________________,
zwischen 11 und 16: ______________?

4 Ordne: 20, 17, 10, 14, 19, 11

10, ____________________

Ordne: 2, 15, 20, 10, 5, 11

20, ____________________

5

10	16	11	22	9	15	19	☐	< 16
6	13	1	14	19	7	9	☐	> 7

6

9	15	13	18	11	19	20	☐	< 10 + 7
13	7	14	9	16	8	22	☐	> 10 + 2

7

4 + 10	1 + 8	10 + 3	7 + 3	10 + 2	☐	< 6 + 4
4 + 5	0 + 8	0 + 7	8 + 1	6 + 3	☐	< 3 + 5

› 1–2 Zahlen vergleichen. <, > oder = einsetzen.
› 5–6 Passende Zahlenfelder färben. 7 Terme ausrechen, vergleichen und passende färben.

› zu Schulbuch Seite 86

1

2

3

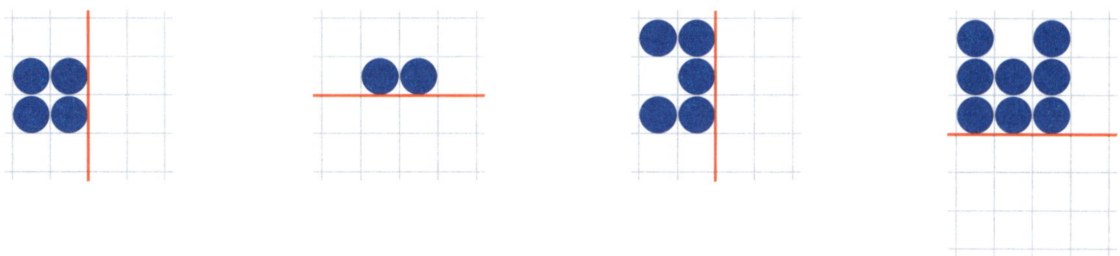

4

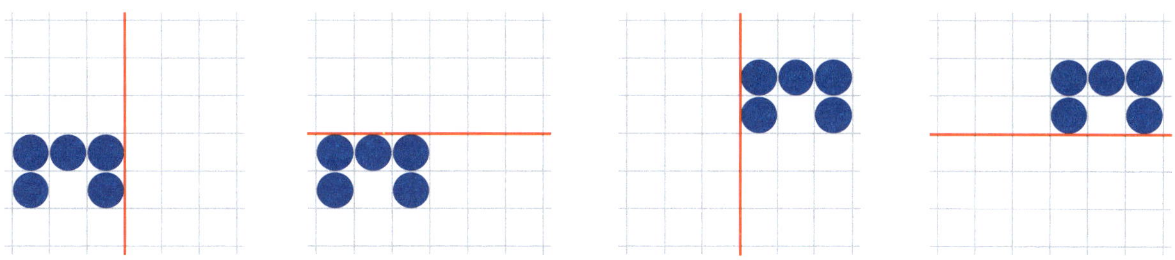

5

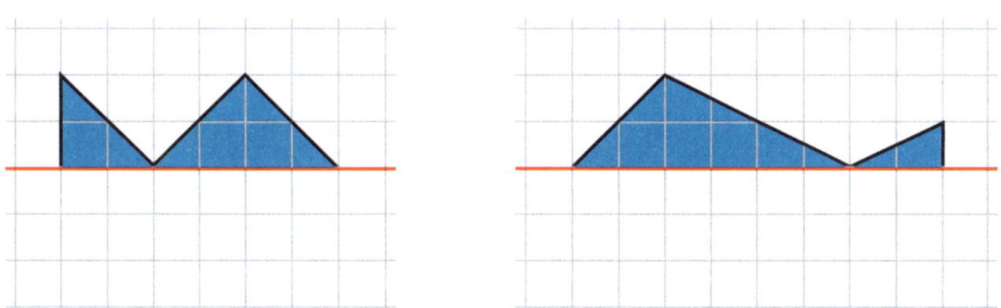

6

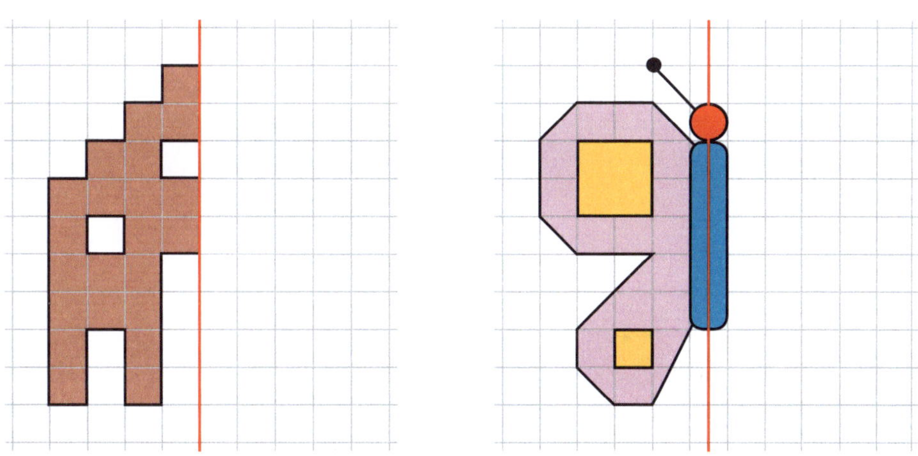

› **1–2** Falsches Spiegelbild durchstreichen.
› **3–6** Spiegelbild malen.

› zu Schulbuch Seite 89 und 90

1 

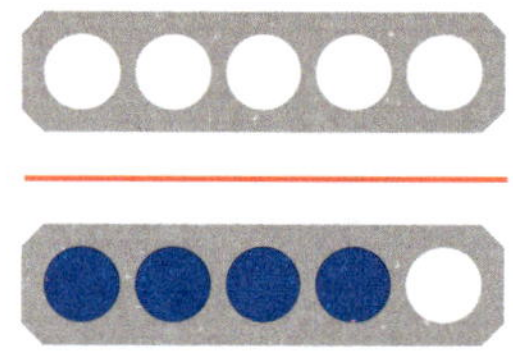

___ + ___ = ___

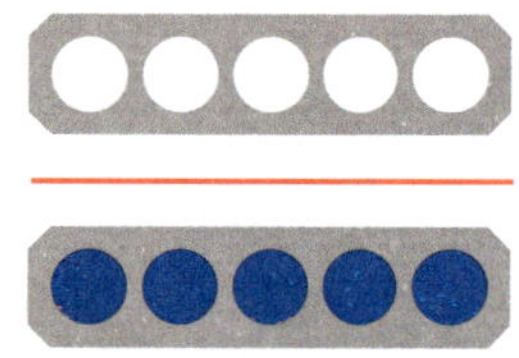

___ + ___ = ___

2 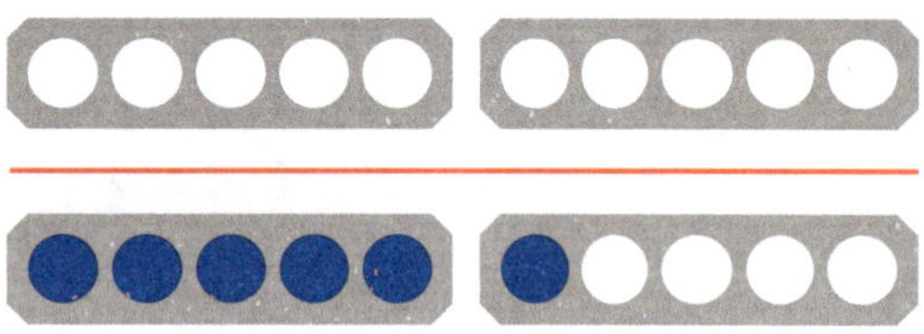

___ + ___ = ___

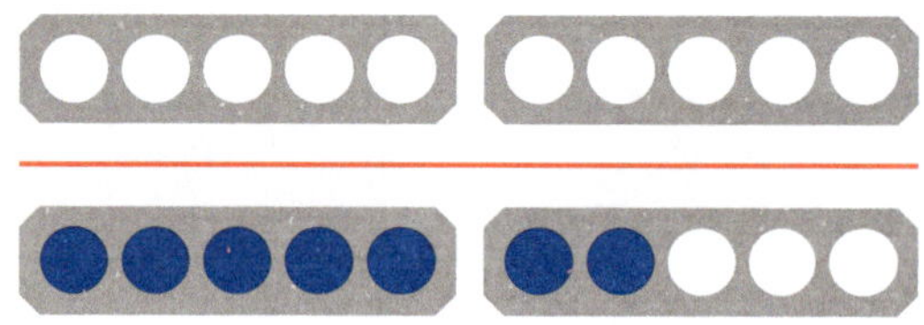

___ + ___ = ___

3 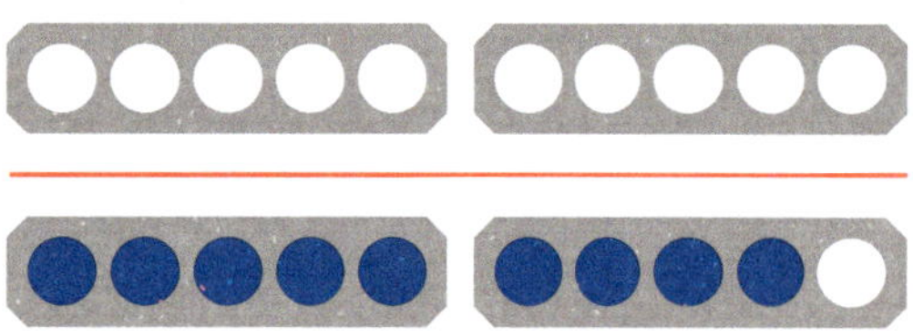

___

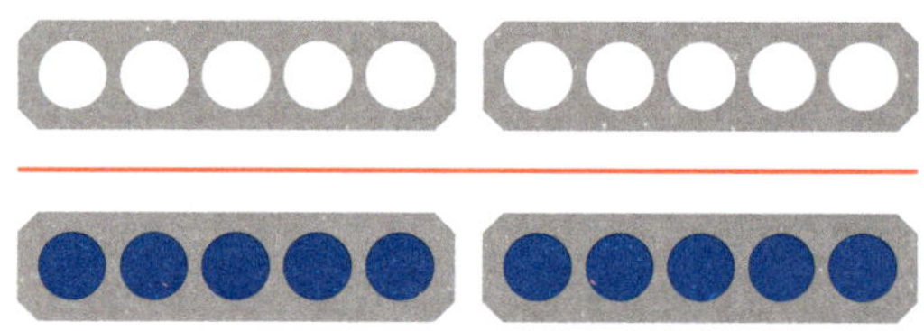

___

4 1 + 1 = ___ 3 + 3 = ___ 5 + 5 = ___ 7 + 7 = ___ 9 + 9 = ___

2 + 2 = ___ 4 + 4 = ___ 6 + 6 = ___ 8 + 8 = ___ 10 + 10 = ___

5

Zahl	10	6			2	7	8		
das Doppelte			8	10				6	24

6 Zahlenrätsel. Wie heißt die Zahl?

Finde das Doppelte von 9. ___

Meine Zahl ist das Doppelte von 7. ___

Verdoppele die Zahl 4. ___

Meine Zahl ist das Doppelte von 3. ___

Finde das Doppelte von 5. ___

Verdoppele die Zahl 8. ___

› 1–3 Spiegelbild malen und Additionsaufgabe schreiben.

› zu Schulbuch Seite 92

1 Halbiere.

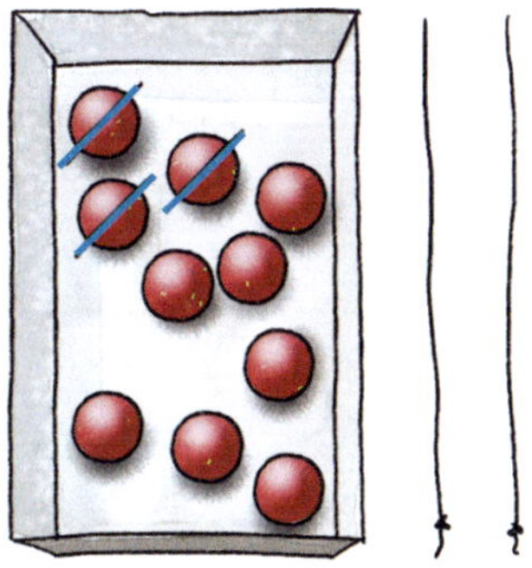

Die Hälfte von 10 ist ____.

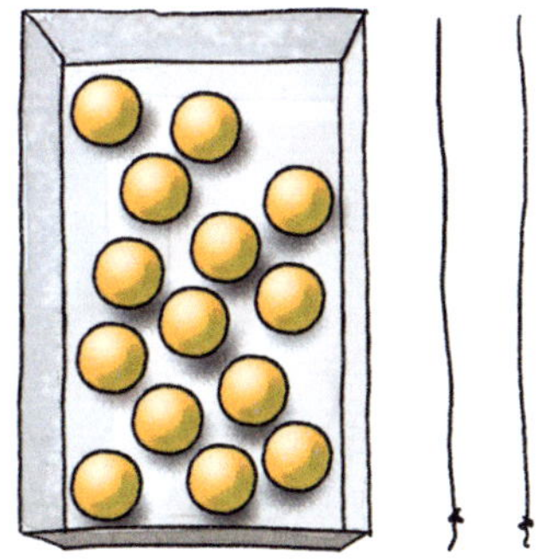

Die Hälfte von 14 ist ____.

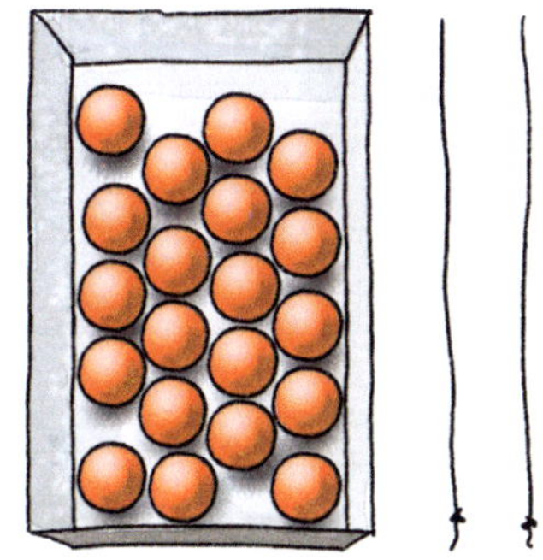

Die Hälfte von 20 ist ____.

2

Zahl	10	6		12	2		18		24
die Hälfte			8			7		11	

3 Gerade oder ungerade? Male und streiche durch.

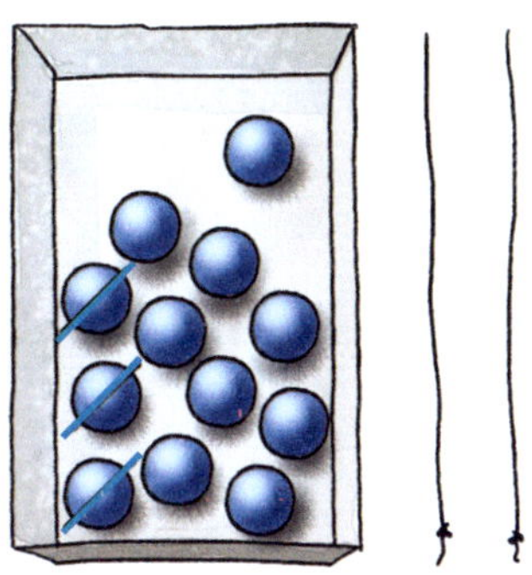

12 ist eine ________ Zahl.

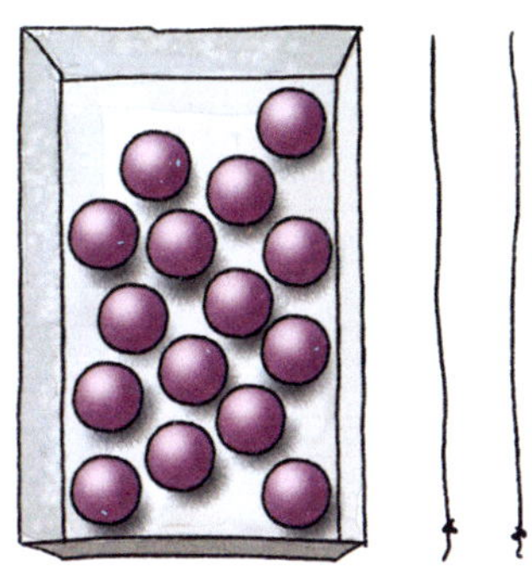

15 ist eine ________ Zahl.

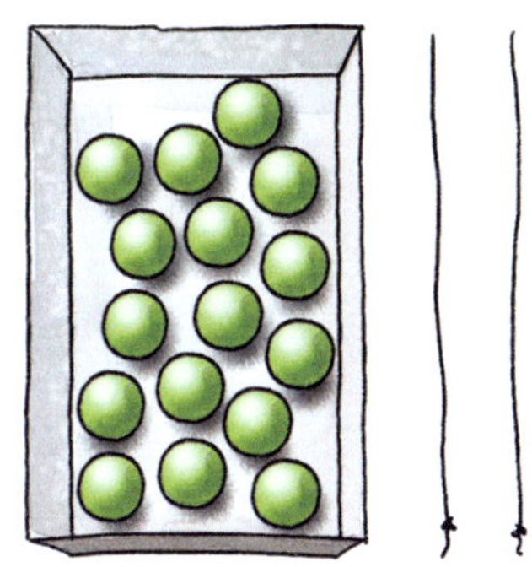

16 ist eine ________ Zahl.

4 Färbe die geraden Zahlen grün, die ungeraden orange.

8 11 3 14 12 20 13 9 15 18 5 6 19 10 16

5 Zahlenrätsel. Wie heißt meine Zahl?

Meine Zahl ist ist die Hälfte von 8. ____

Wenn ich meine Zahl halbiere, erhalte ich 9. ____

Die Hälfte meiner Zahl ist 3. ____

› **1** und **3** Kugeln gleichmäßig verteilen. In Partnerarbeit lösen. **2** Tabelle ausfüllen
› **4** Kreise mit Zahlen passend anmalen. **5** Zahlenrätsel lösen.

› zu Schulbuch Seite 94 und 95

Addieren: Grundaufgaben übertragen

1

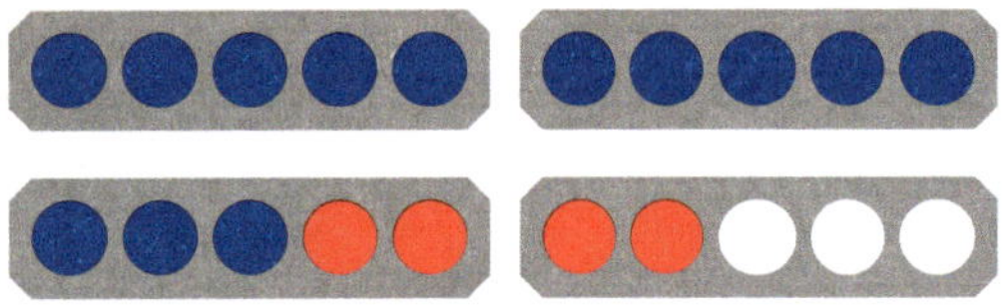

13 + 4 = ____

3 + 4 = ____

2

14 + 2 = ____　　13 + 5 = ____　　15 + 4 = ____　　18 + 2 = ____

4 + 2 = ____　　3 + 5 = ____　　5 + 4 = ____　　8 + 2 = ____

3

17 + 2 = ____　　12 + 3 = ____　　11 + 6 = ____　　12 + 4 = ____

7 + 2 = ____　　__________　　__________　　__________

4

7 + 13 = ____　　5 + 14 = ____　　2 + 11 = ____　　3 + 17 = ____

13 + 7 = ____　　14 + 5 = ____　　11 + 2 = ____　　17 + 3 = ____

5

1 + 18 = ____　　6 + 12 = ____　　2 + 13 = ____　　4 + 16 = ____

__________　　__________　　__________　　__________

6

+	5	7	0
3			
13			

7

+	3	6	4
14			
4			

8

+	12	15	
		20	
2			12

TÜ **9**

› **1–3** Grundaufgaben übertragen.
› **4–5** Mit Hilfe der Tauschaufgabe lösen.
› **6–8** Tabellen lösen. **TÜ** Muster weiterzeichnen.

› **zu Schulbuch Seite 96**

1

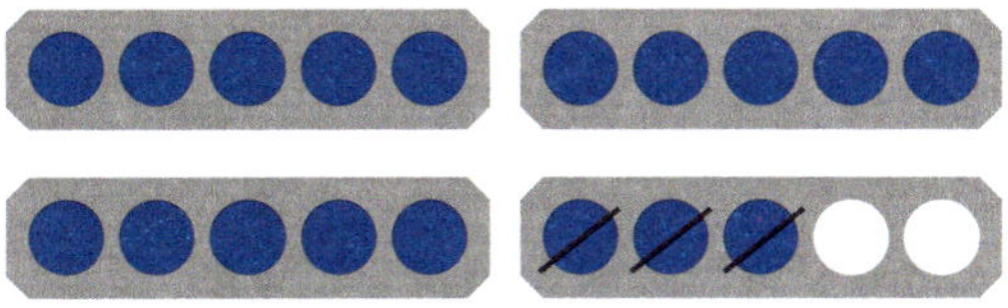

18 – 3 = ____

8 – 3 = ____

2

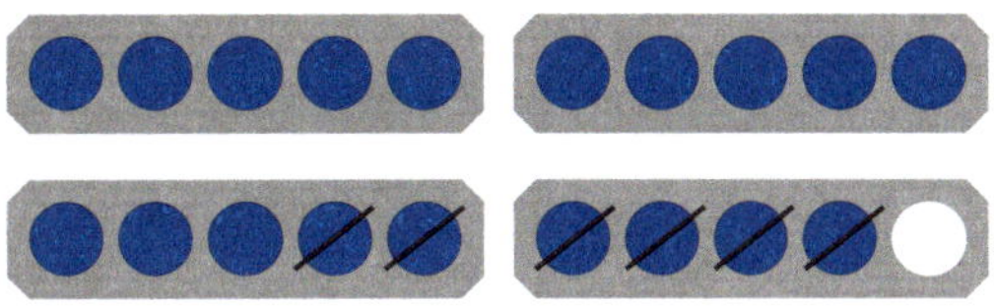

19 – 6 = ____

9 – 6 = ____

3

14 – 2 = ____	16 – 5 = ____	15 – 4 = ____	18 – 1 = ____
4 – 2 = ____	6 – 5 = ____	5 – 4 = ____	8 – 1 = ____

4

17 – 2 = ____	16 – 3 = ____	18 – 6 = ____	20 – 4 = ____
7 – 2 = ____	________	________	________

5

17 – 4 = ____	19 – 4 = ____	15 – 2 = ____	17 – 6 = ____
16 – 4 = ____	18 – 5 = ____	18 – 8 = ____	17 – 3 = ____

6

–	5	3	6
20			
13			

7

–	6	4	2
18			
16			

8

–	3		4
15		13	
	11		

9

10

11

TÜ

› **1–5** Grundaufgabe übertragen und Aufgaben lösen.
› **6–8** Tabellen lösen.

› zu Schulbuch Seite 97

1 13 + 5 = ___
18 − 5 = ___

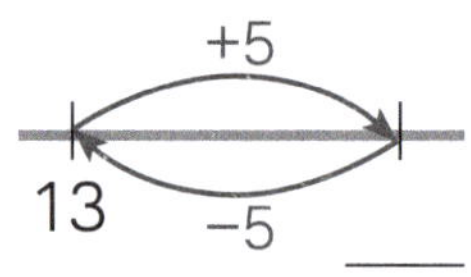

2 15 + 2 = ___
17 − 2 = ___

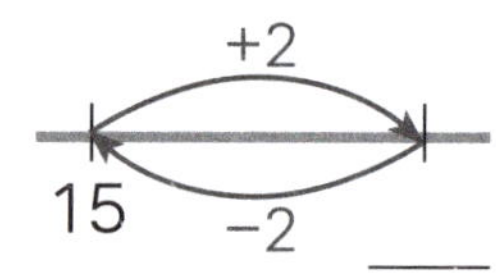

3 ___ + 6 = 19
19 − 6 = ___

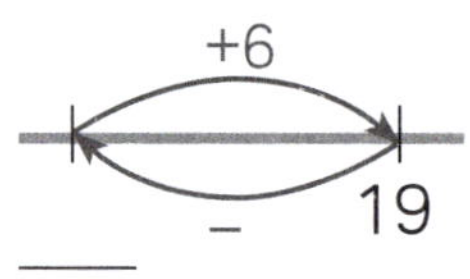

___ + 1 = 14
14 − 1 = ___

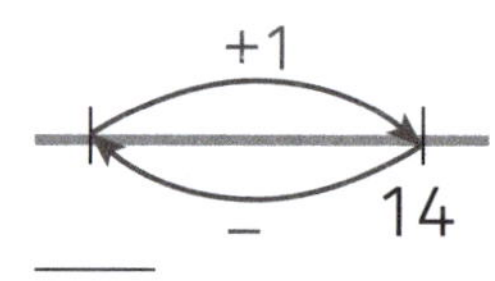

4 ___ + 2 = 19
19 − ___ = ___

___ + 4 = 18
18 − ___ = ___

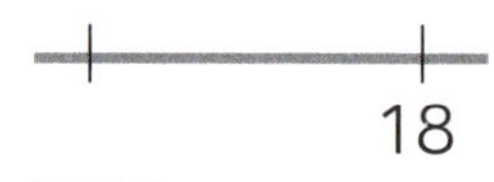

5 ___ + 8 = 19
____

6 ___ + 4 = 20
____

7 ___ + 6 = 18
____

8 16 − 4 = ___
12 + 4 = ___

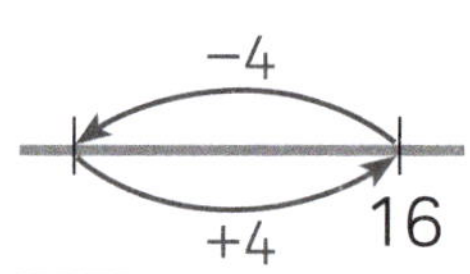

9 18 − 3 = ___
15 + 3 = ___

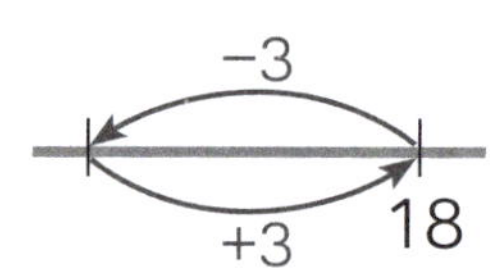

10 ___ − 1 = 13
13 + 1 = ___

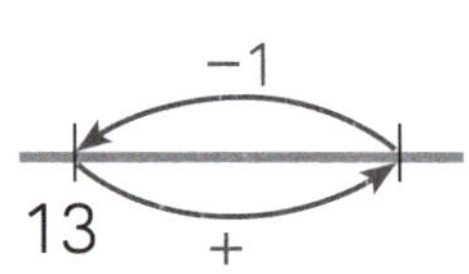

___ − 7 = 11
11 + 7 = ___

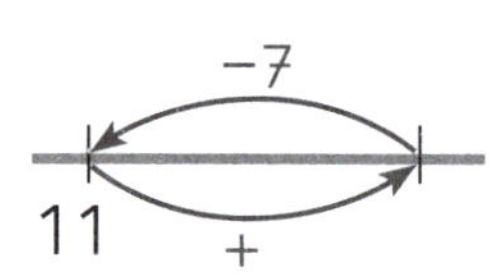

11 ___ − 3 = 17
17 + ___ = ___

___ − 2 = 16
16 + ___ = ___

12 ___ − 7 = 12
____

13 ___ − 8 = 10
____

14 ___ − 6 = 14
____

› **1–4, 8–11** Aufgaben mit Hilfe der Umkehraufgabe am Rechenstrich lösen.
› **5–7, 12–14** Aufgaben mit Hilfe der Umkehraufgabe lösen.

› **zu Schulbuch Seite 98**

1

13 + 3 = ____
14 + 3 = ____
15 + 3 = ____
____

11 + 6 = ____
12 + 6 = ____
13 + 6 = ____
____

12 + 5 = ____
13 + 5 = ____
14 + 5 = ____
____

2

2 + 14 = ____
2 + 15 = ____
2 + 16 = ____
____

4 + 13 = ____
4 + 14 = ____
4 + 15 = ____
____

7 + 13 = ____
7 + 12 = ____
7 + 11 = ____
____

3

13 − 3 = ____
14 − 3 = ____
15 − 3 = ____
____

16 − 6 = ____
17 − 6 = ____
18 − 6 = ____
____

15 − 5 = ____
16 − 5 = ____
17 − 5 = ____
____

4

16 − 2 = ____
15 − 2 = ____
14 − 2 = ____
____

17 − 4 = ____
16 − 4 = ____
15 − 4 = ____
____

16 − 3 = ____
17 − 3 = ____
18 − 3 = ____
____

5

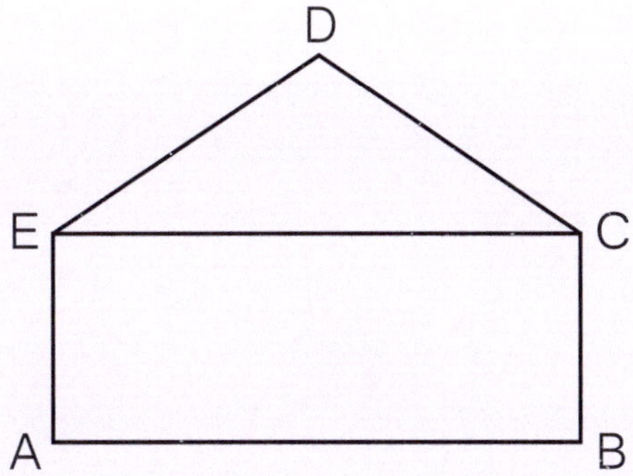

Miss die Strecken.

$\overline{AB}$ = ____ cm $\overline{DE}$ = ____ cm
$\overline{BC}$ = ____ cm $\overline{AE}$ = ____ cm
$\overline{CD}$ = ____ cm $\overline{CE}$ = ____ cm

Färbe gleich lange Strecken mit der gleichen Farbe.

TÜ

› **1 – 4** Aufgaben fortsetzen.

› **zu Schulbuch Seite 99**

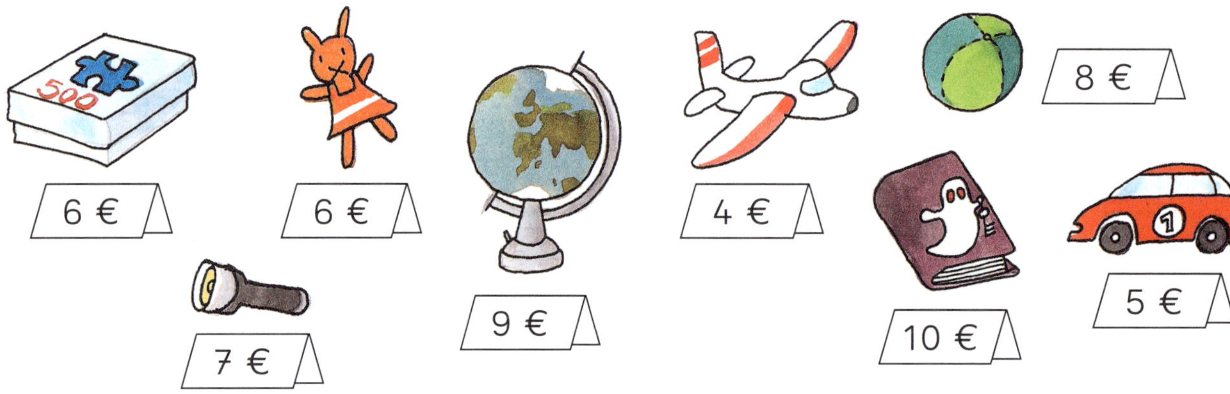

1

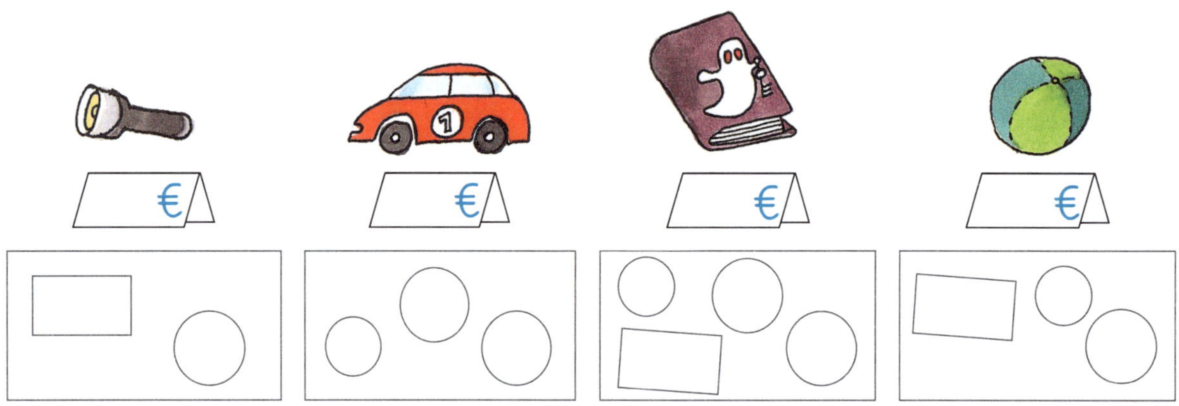

2

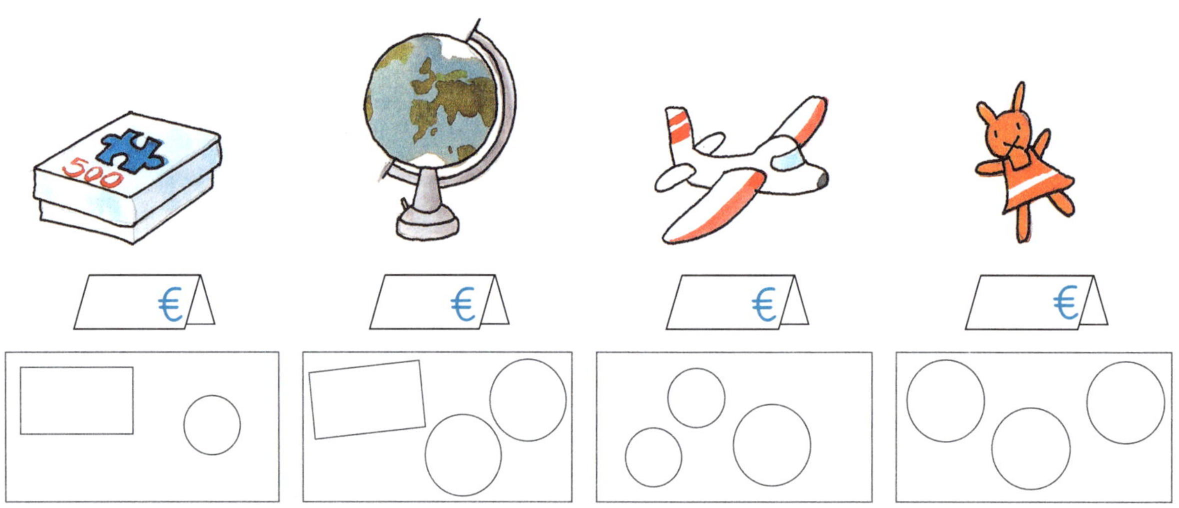

3

_____ € _____ € _____ € _____ €

› **1–2** Preis eintragen, Geld beschriften.
› **3** Geldbeträge aufschreiben.

› **zu Schulbuch Seite 104**

1

7 €

2

2

8 €

3

5 €

4

4 €

5

Zahl	6	2	5	9	7
das Doppelte					

6

Zahl	2	14	20	16
die Hälfte				

TÜ

› **1–4** Verschiedene Möglichkeiten für den Preis legen und zeichnen.

› zu Schulbuch Seite 105

1

€

€

Zusammen ______ €.

2

€

€

Zusammen ______ €.

3

€

______ € zurück.

4

€

______ € zurück.

5

€

______ € zurück.

6

€

______ € zurück.

› **1–2** Preise eintragen, legen und zeichnen. Gesamtpreis ermitteln und eintragen.
› **3–6** Preise eintragen und zurückgegebenen Betrag eintragen.

› **zu Schulbuch Seite 106**

1 6 + 8 = ____

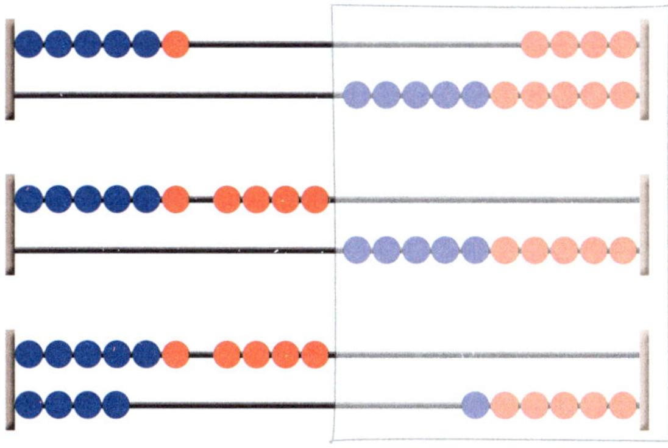

Ich schiebe 6.

Erst ____ dazu bis 10.

Noch ____ dazu. Ergebnis ____.

6 +	8	=
6 +		= 10
10 +		=

2 7 + 5 = ____

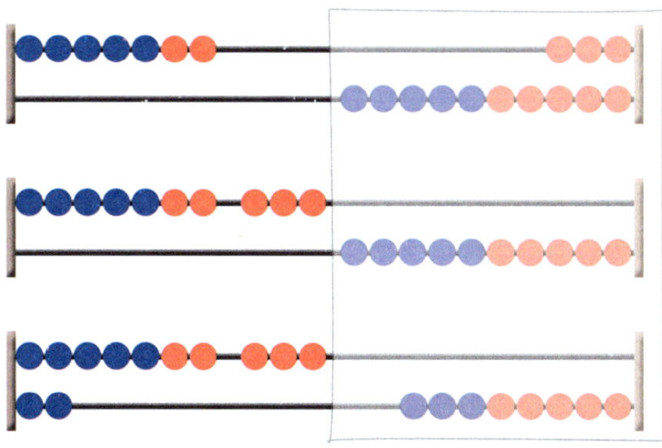

Ich schiebe ____.

Erst ____ dazu bis 10.

Noch ____ dazu. Ergebnis ____.

7 +	5	=
____ +	____	= 10
10 +	____	= ____

3 8 + 4 = ____

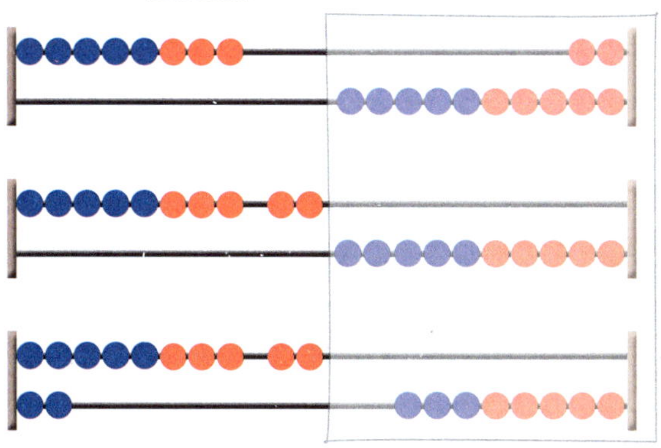

8 +	4	=
____ +	____	= 10
____ +	____	= ____

0 + 4
1 + 3
2 + 2
3 + 1
4 + 0

4 9 + 4 = ____

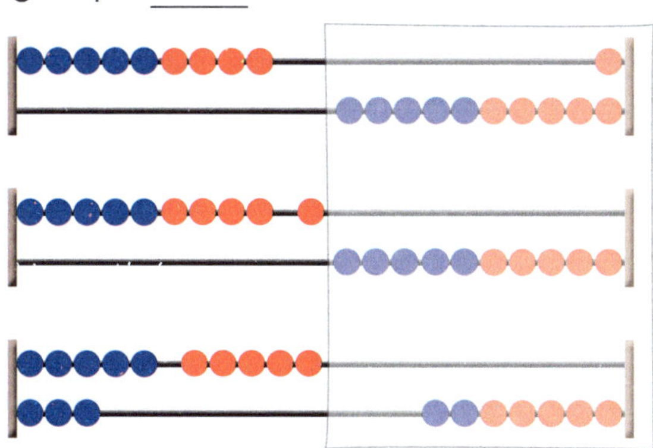

9 +	4	=
____ +	____	= 10
____ +	____	= ____

1

8 + 7 = ___	5 + 7 = ___	9 + 7 = ___
___ + ___ = 10	___ + ___ = 10	___ + ___ = 10
10 + ___ = ___	10 + ___ = ___	10 + ___ = ___

2

9 + 6 = ___	7 + 6 = ___	8 + 6 = ___
___ + ___ = 10	___ + ___ = 10	___ + ___ = 10
___ + ___ = ___	___ + ___ = ___	___ + ___ = ___

3

6 + 5 = ___	8 + 5 = ___	9 + 5 = ___
___ + ___ = ___	___ + ___ = ___	___ + ___ = ___
___ + ___ = ___	___ + ___ = ___	___ + ___ = ___

4

5 + 9 = ___	3 + 8 = ___	9 + 8 = ___
___ + ___ = ___	___ + ___ = ___	___ + ___ = ___
___ + ___ = ___	___ + ___ = ___	___ + ___ = ___

5	**6**	**7**	**8**
6 + 7 = ___	4 + 9 = ___	7 + 4 = ___	2 + 9 = ___
6 + 6 = ___	4 + 8 = ___	9 + 9 = ___	7 + 9 = ___
6 + 9 = ___	4 + 7 = ___	5 + 6 = ___	3 + 9 = ___

TÜ

9

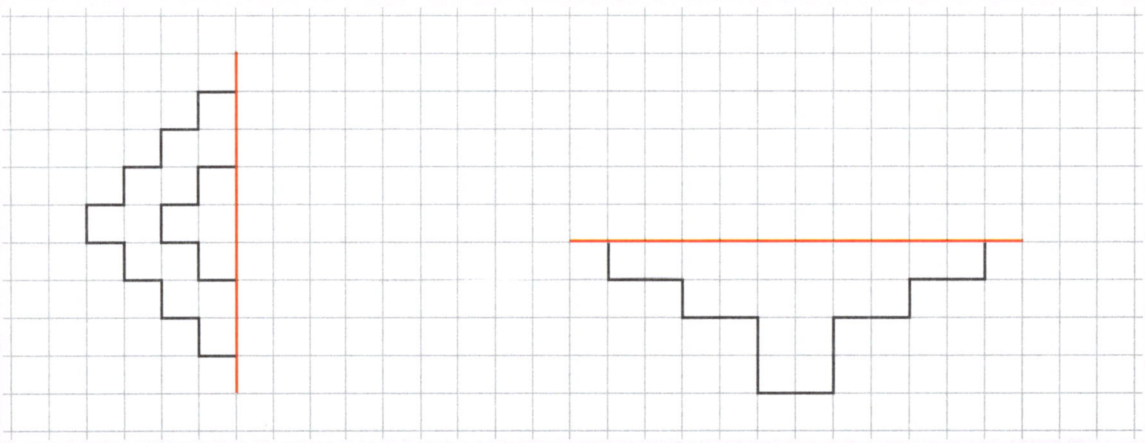

› **1** Passende Zerlegung nutzen.
› **2–4** Passende Zerlegung nutzen und einkreisen.
› **9** Spiegelbild zeichnen.

› zu Schulbuch Seite 111

1

6 3 3	2 4 5	7 2 6

2

5 2 2	7 2 3	5 0 6

3

_	_
_ 7	_ 5
6 3 _	7 4 _

4

_	_	_
_ 10	8 _	_ 7
2 _ 8	3 _ 6	9 0 _

5

20	20
7 _	_ 12
2 _ _	2 _ _

6

16	16	16
_ _	_ _	_ _
_ _ _	_ _ _	_ _ _

› **Zahlenmauern:** Zwei benachbarte Zahlen addieren. Das Ergebnis in die Mitte darüber schreiben.
› **6** Zahlenmauern mit dem Deckstein 16 finden. Es gibt verschiedene Lösungen.

› zu Schulbuch Seite 113

1 14 − 6 = ____

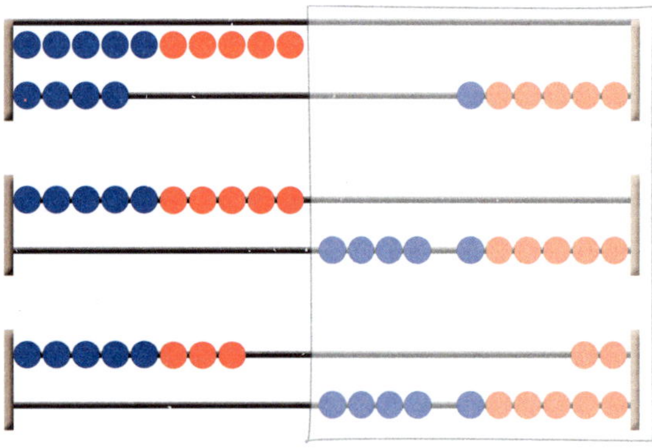

Ich schiebe 14.

Erst ____ weg bis 10.

Noch ____ weg.
Ergebnis ____.

14 − 6 =
14 − ____ = 10
10 − ____ = ____

2 12 − 8 = ____

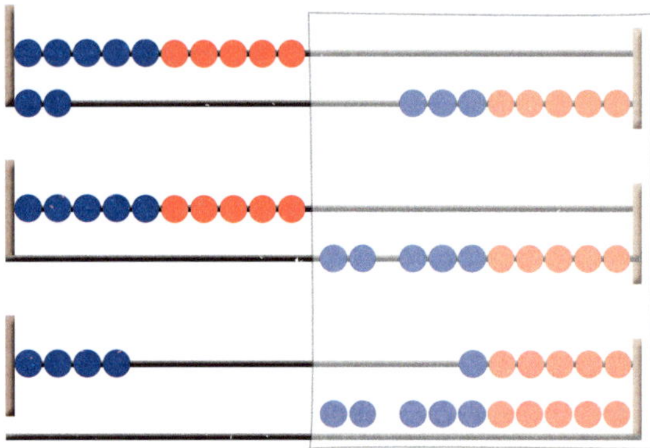

Ich schiebe ____.

Erst ____ weg bis 10.

Noch ____ weg.
Ergebnis ____.

12 − 8 =
____ − ____ = 10
10 − ____ = ____

3 11 − 7 = ____

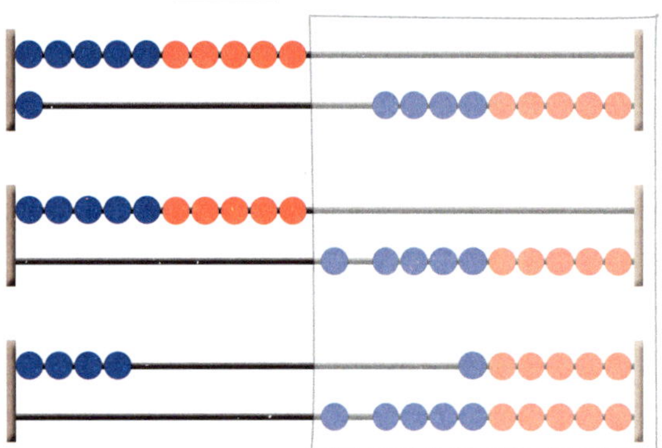

11 − 7 =
____ − ____ = 10
____ − ____ = ____

0 + 7
1 + 6
2 + 5
3 + 4
4 + 3
5 + 2
6 + 1
7 + 0

4 13 − 7 = ____

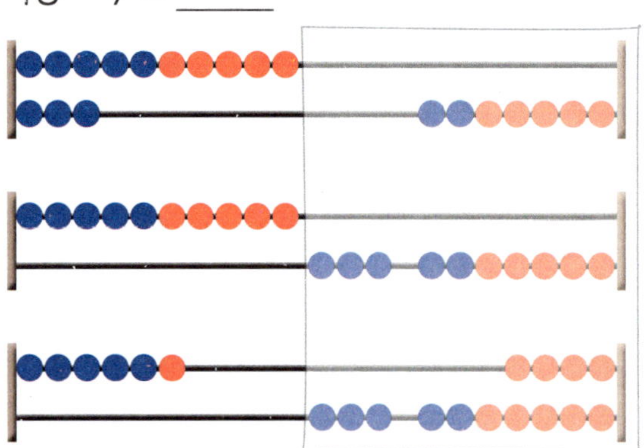

13 − 7 =
____ − ____ = 10
____ − ____ = ____

› 1–4 Passende Zerlegung nutzen.

› zu Schulbuch Seite 116

1

12 − 5 = ___
___ − ___ = 10
10 − ___ = ___

11 − 5 = ___
___ − ___ = 10
10 − ___ = ___

13 − 5 = ___
___ − ___ = 10
10 − ___ = ___

7

2

11 − 6 = ___
___ − ___ = 10
___ − ___ = ___

15 − 6 = ___
___ − ___ = 10
___ − ___ = ___

12 − 6 = ___
___ − ___ = 10
___ − ___ = ___

6

3

15 − 8 = ___
___ − ___ = ___
___ − ___ = ___

14 − 8 = ___
___ − ___ = ___
___ − ___ = ___

17 − 8 = ___
___ − ___ = ___
___ − ___ = ___

8

4

14 − 7 = ___
___ − ___ = ___
___ − ___ = ___

11 − 3 = ___
___ − ___ = ___
___ − ___ = ___

12 − 4 = ___
___ − ___ = ___
___ − ___ = ___

5

13 − 8 = ___
13 − 6 = ___
13 − 9 = ___

6

16 − 7 = ___
16 − 9 = ___
16 − 8 = ___

7

11 − 2 = ___
14 − 5 = ___
12 − 7 = ___

8

18 − 9 = ___
12 − 9 = ___
17 − 9 = ___

9

TÜ

› **1** Passende Zerlegung nutzen.
› **2–4** Passende Zerlegung nutzen und einkreisen.
› **9** Münzen und Scheine passend eintragen.

› zu Schulbuch Seite 117

1

2

3

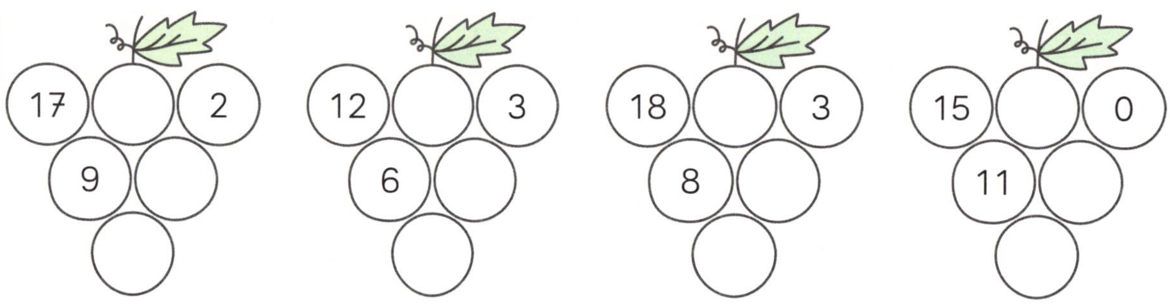

4

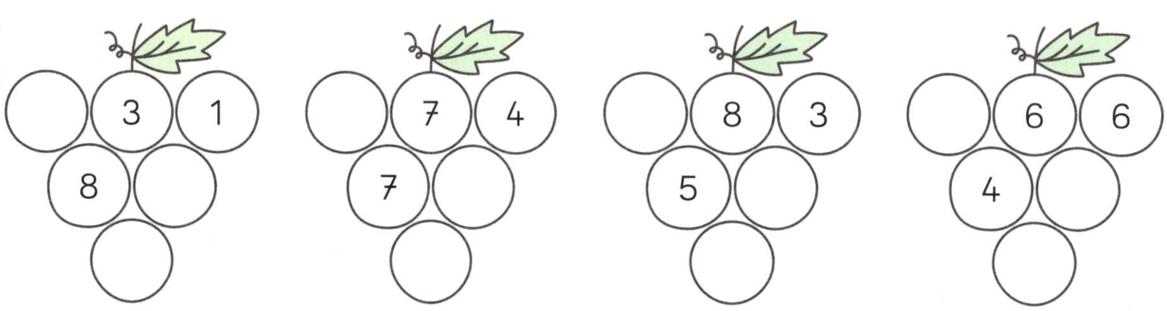

5

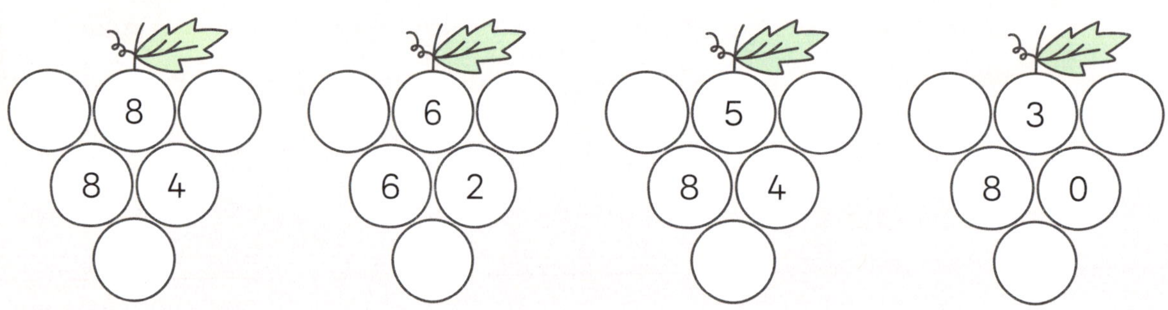

› 1–5 **Minustrauben**: Immer zwei benachbarte Zahlen von links nach rechts subtrahieren.
Das Ergebnis in die Mitte darunter schreiben.
Nicht lösbare Trauben möglich.

› zu Schulbuch Seite 119

1

6 + 9 = ____ 4 + 9 = ____ 7 + 9 = ____

6 + 10 = ____

3 + 9 = ____ 8 + 9 = ____ 5 + 9 = ____

11 12 13 14 15 16 17

2 9 + 7 = ____ 9 + 9 = ____ 9 + 8 = ____ 9 + 2 = ____

10 + 7 = ____

11 13 16 17 18

3 18 − 9 = ____ 15 − 9 = ____ 13 − 9 = ____ 11 − 9 = ____

18 - 10 = ____

2 4 5 6 9

4 16 − 9 = ____ 14 − 9 = ____ 17 − 9 = ____ 12 − 9 = ____

3 4 5 7 8

TÜ

5

Die Summanden sind 16 und 3. Bilde die Summe.	Bilde die Summe der Zahlen 5 und 8.	Meine Zahl ist der Vorgänger von 20.
____	____	____

6

Bilde die Differenz der Zahlen 15 und 4.	Meine Zahl ist der Nachfolger von 10.	Der Minuend ist 14, der Subtrahend ist 6.
____	____	____

› **1–4** Vergleichen mit Geisterzahlen.
› **5–6** Lösen der Zahlenrätsel und Aufgabe aufschreiben.

› zu Schulbuch Seite 120

Übungen

1	A
2	B
3	C
4	D
5	E
6	F
7	G
8	H
9	I
10	J
11	K
12	L
13	M
14	N
15	O
16	P
17	Q
18	R
19	S
20	T
21	U
22	V
23	W
24	X
25	Y
26	Z

1

20 + 3 = 23 W
14 − 9 = ___
6 + 6 = ___
8 + 4 = ___
11 − 6 = ___

W ______

2

13 − 7 = ___
12 − 3 = ___
14 + 5 = ___
9 − 6 = ___
17 − 9 = ___

3

9 − 8 = ___
7 + 7 = ___
13 − 8 = ___
4 + 9 = ___
7 + 8 = ___
5 + 9 = ___
12 − 7 = ___

4

8 + 9 = ___
19 + 2 = ___
7 − 6 = ___
5 + 7 = ___
9 + 3 = ___
8 − 3 = ___
6 + 8 = ___

5

4 + 1 + 6 = ___
7 + 8 + 3 = ___
15 − 9 − 5 = ___
14 − 4 − 8 = ___
12 − 8 − 2 = ___
7 − 5 + 3 = ___

› 1 – 5 Rechnen. Zum Ergebnis im Zahlen-ABC den passenden Buchstaben suchen und das Lösungswort eintragen.

› zu Schulbuch Seite 123

1

Es fahren 3 Kinder mit dem Roller.
Dann kommen ___ Kinder dazu.

F Wie viele Kinder fahren dann Roller?

L 3 + ___ = ___

A Mit dem Roller fahren dann ___ Kinder.

2

Die Kinder haben ___ rote Tücher und ___ blaue Tücher.

F Wie viele Tücher haben die Kinder zusammen?

L ______________________

A Die Kinder haben zusammen ___ Tücher.

3

Vorher standen ___ Kinder.
Es laufen ___ Kinder los.

F Wie viele Kinder stehen noch?

L ___ – ___ = ___

A Es stehen noch ___ Kinder.

4

Auf dem Tisch standen ___ Dosen.
Davon fallen ___ Dosen um.

F Wie viele Dosen stehen noch?

L ______________________

A Es stehen noch ___ Dosen.

› 1–4 Text passend zum Bild ergänzen. Frage, Lösungsweg und Antwort aufschreiben.

› zu Schulbuch Seite 124 und 125

1 Tim hat 2 gelbe Lollis und 5 rote Lollis.

F Wie viele Lollis sind es zusammen?

L

A Zusammen sind es ___ Lollis.

2 Im Park spielen 8 Kinder. Davon gehen 4 Kinder nach Hause.

F Wie viele Kinder sind noch im Park?

L

A Im Park sind noch ___ Kinder.

3 Auf dem Teller liegen 6 Bonbons. Daneben liegen 5 Bonbons.

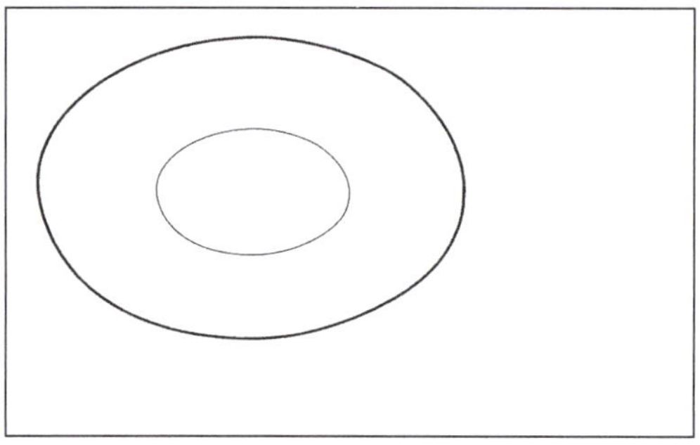

F Wie viele Bonbons sind es zusammen?

L

A Zusammen sind es ___ Bonbons.

4 Max hat 5 rote und 7 blaue Kerzen auf seinem Kuchen.
Davon pustet er 4 Kerzen aus.

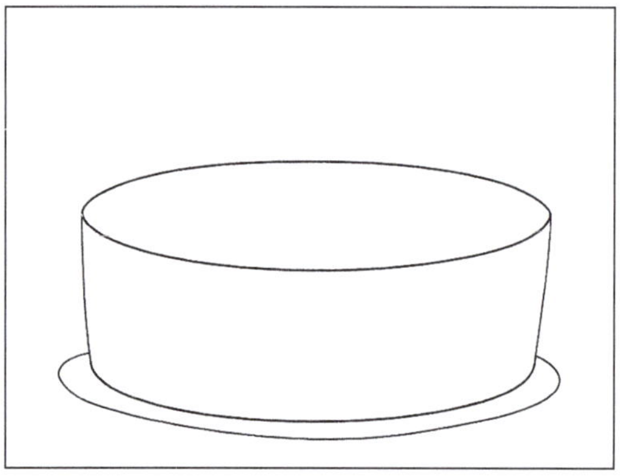

F

L

A

› **1–2** Lösung und Antwort aufschreiben.
› **3–4** Passende Skizze und Aufgabe vervollständigen.
› **4** Mehrere Lösungen sind möglich.

› **zu Schulbuch Seite 126 und 127**

1

Die Turngruppe hat abgestimmt:

_____ Kinder möchten Schorle trinken.

_____ Kinder möchten Wasser trinken.

_____ Kinder möchten Saft trinken.

_____ Kinder möchten Kakao trinken.

Die meisten Kinder der Turngruppe möchten _______________ trinken.

2 Zeichne das Balkendiagramm zur Abstimmung der Turngruppe.
Für jede Stimme ein Kästchen.

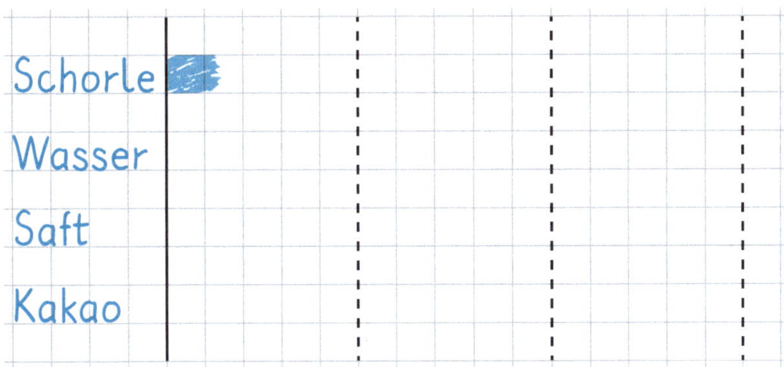

3 Auch die Laufgruppe hat abgestimmt.
Zeichne das Balkendiagramm dazu. Für jede Stimme ein Kästchen.

Getränke Laufgruppe:

Schorle	9
Wasser	14
Saft	12
Kakao	10

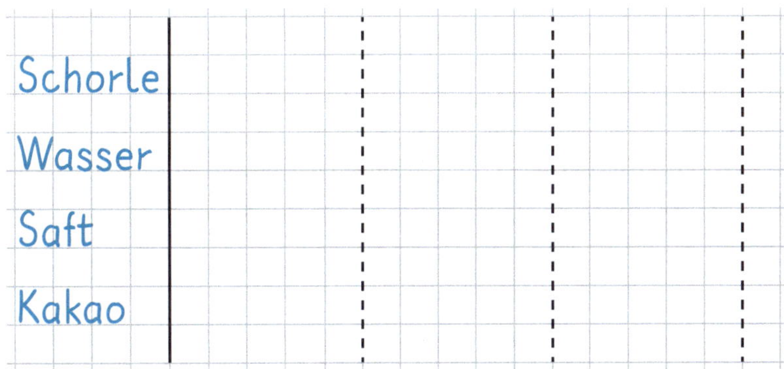

Die wenigsten Kinder der Laufgruppe möchten _______________ trinken.

Die meisten Kinder der Laufgruppe möchten _______________ trinken.

› **2** Balkendiagramm zur Strichliste aus Aufgabe 1 zeichnen.
› **3** Balkendiagramm zur Tabelle zeichnen.

› zu Schulbuch Seite 128 und 129

1 Verschiedene Fische. Findest du sie alle?

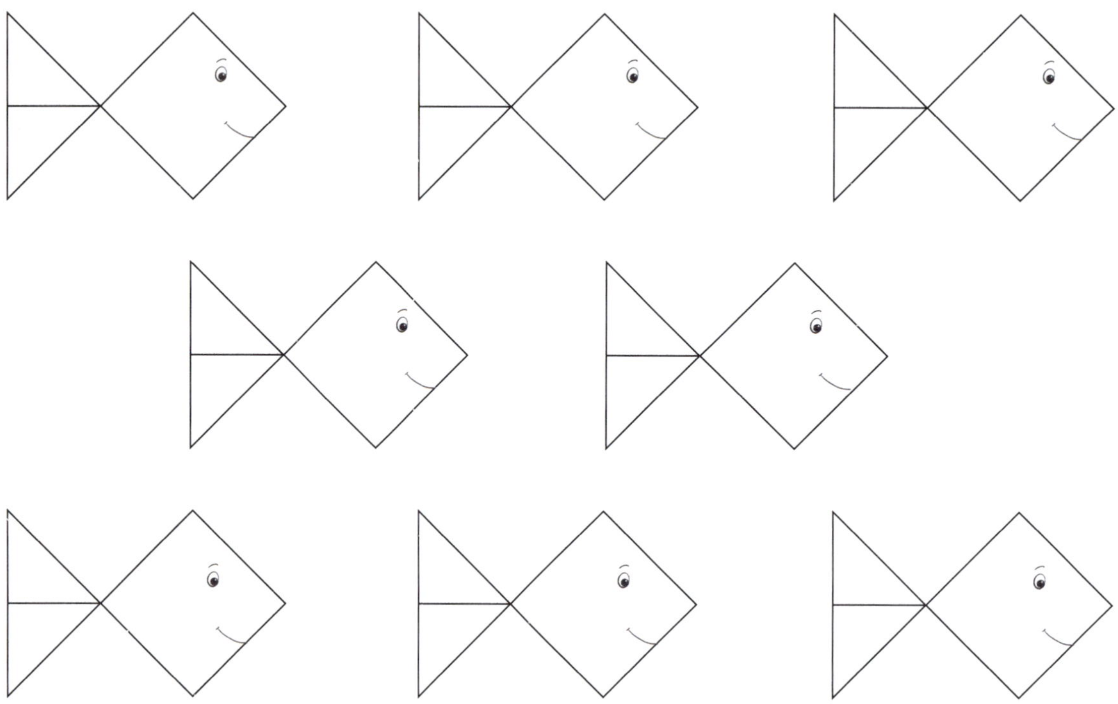

2 Drei Fische sind doppelt. Streiche die doppelten Fische einmal durch.

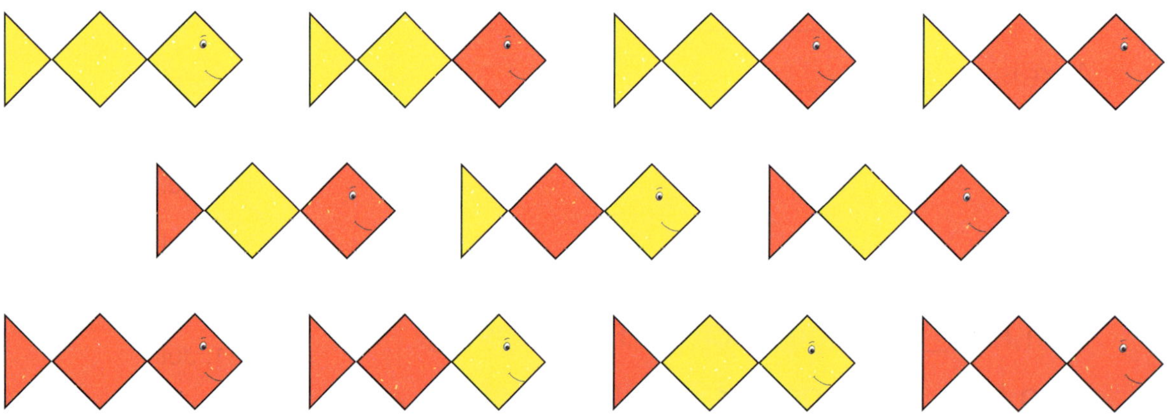

› 1 Aus einem mittleren Quadrat und zwei kleinen Dreiecken verschiedene Fische legen. Lösungen malen.

› zu Schulbuch Seite 130 und 131

1 Suche Montag, den **3.** Juli im Kalender.
Kreise diesen Tag ein.
Fülle die Tabelle aus.

vorgestern		___ Juli
gestern		___ Juli
heute	Mo	3. Juli
morgen		___ Juli
übermorgen		___ Juli

2 Schreibe alle Montage im Juli auf.
3., ___, ___, ___, ___

Schreibe alle Freitage im Juli auf.
___, ___, ___, ___

3 Welcher Wochentag ist es? Trage ein.

6. Juli	______	22. Juli	______
31. Juli	______	2. Juli	______
12. Juli	______	19. Juli	______

4 Martins Termine im Juli

Freizeitpark: Samstag, 8. Juli
Schulfest: ______
Augenarzt: ______
Kino mit Paul: ______
Abreise Urlaub: ______
Fußballturnier: ______

5 Lea hat ___ Tage **nach** Kara Geburtstag.
Tom hat ___ Tage **nach** Lea Geburtstag.
Kara hat ___ Tage **vor** Tom Geburtstag.

Juli

Sa	1. Juli	Schulfest
So	2. Juli	
Mo	3. Juli	
Di	4. Juli	
Mi	5. Juli	Kino mit Paul
Do	6. Juli	
Fr	7. Juli	
Sa	8. Juli	Freizeitpark
So	9. Juli	
Mo	10. Juli	Beginn Sommerferien
Di	11. Juli	Augenarzt
Mi	12. Juli	
Do	13. Juli	Geb. Kara
Fr	14. Juli	
Sa	15. Juli	
So	16. Juli	Fußballturnier
Mo	17. Juli	
Di	18. Juli	
Mi	19. Juli	Geb. Lea
Do	20. Juli	
Fr	21. Juli	
Sa	22. Juli	Urlaub (22.–24. Juli)
So	23. Juli	
Mo	24. Juli	
Di	25. Juli	
Mi	26. Juli	
Do	27. Juli	Geb. Tom
Fr	28. Juli	
Sa	29. Juli	
So	30. Juli	
Mo	31. Juli	

› 1–5 Informationen aus dem Kalender entnehmen.

› zu Schulbuch Seite 135

1 Die Zahlen zwischen 7 und 12: 8, 9 ______

Die Zahlen zwischen 5 und 11: ______

Die Zahlen zwischen 13 und 17: ______

2

V	Z	N
	10	
	8	
	17	

V	Z	N
11		
13		
4		

3

V	Z	N
		14
		12
	19	

V	Z	N
		22
	20	
		24

4 Setze <, > oder = ein.

8 ◯ 5   3 ◯ 13   14 ◯ 14   18 ◯ 21   13 ◯ 9

0 ◯ 5   16 ◯ 12   19 ◯ 20   15 ◯ 15   11 ◯ 1

5 Ordne.

2, 0, 14, 5, 20, 4

20, ______

2, 15, 12, 9, 10, 19

2, ______

6

Färbe (rot): 7., 1., 5., 9. Färbe (blau): 10., 2., 8., 6. Weiß: ____, ____

7

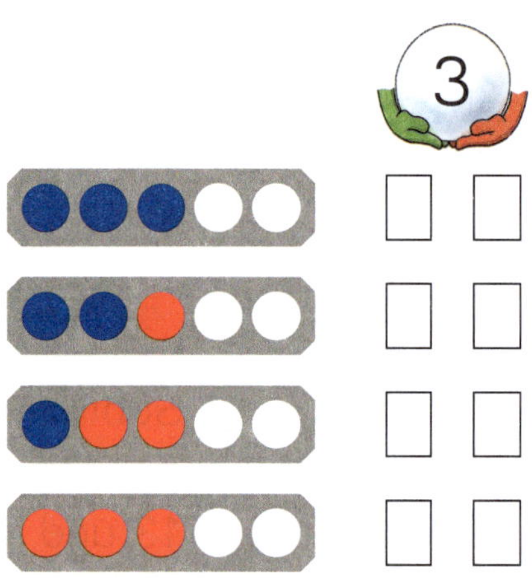

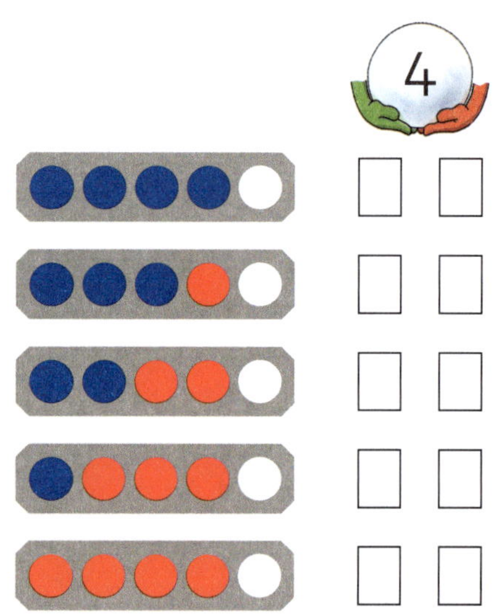

1 Auf dem Piratenschiff sind zehn Piraten. Vier Piraten gehen vom Schiff.

Welche Frage kannst du beantworten? Kreuze an und löse.

○ F Wie viele Piraten tragen ein Kopftuch?

○ F Wie viele Piraten bleiben auf dem Schiff?

L ______

A ______

______

2

1 + 7 = ____
3 + 6 = ____
4 + 5 = ____
0 + 4 = ____
8 + 2 = ____

10 + 8 = ____
16 + 3 = ____
8 + 5 = ____
7 + 6 = ____
9 + 3 = ____

3

10 − 2 = ____
8 − 5 = ____
7 − 7 = ____
5 − 0 = ____
9 − 6 = ____

17 − 6 = ____
15 − 3 = ____
12 − 6 = ____
13 − 5 = ____
17 − 9 = ____

4

Zahl		9	
das Doppelte	12		20

5

Zahl	20		18
die Hälfte		4	

6 Färbe alle geraden Zahlen grün, alle ungeraden orange.

9 12 20 7 18 21 3 5 14 0 16 6 15 10 13

7

+	5	2	6
4			
6			

+	3	8	7
		15	
	14		

−	4	0	7
9			
		8	

8

12 + ____ = 17
17 − ____ = 13
____ + 3 = 19
____ − 4 = 14

9

Die Summanden sind 9 und 7. Bilde die Summe.

______

Subtrahiere die Zahlen 13 und 5.

______

› 9 Aufgaben notieren und lösen.

1

2 Setze die Zahlenfolgen fort.

2 , 4 , ___, ___, ___, 12

3 , 5 , ___, ___, ___, 13

___, ___, 7 , 10 , ___, ___

20 , 19 , ___, ___

15 , 12 , ___, ___

___, ___, 6 , 4

3

___ €

___ Cent

4

Zurück: ___ €

5

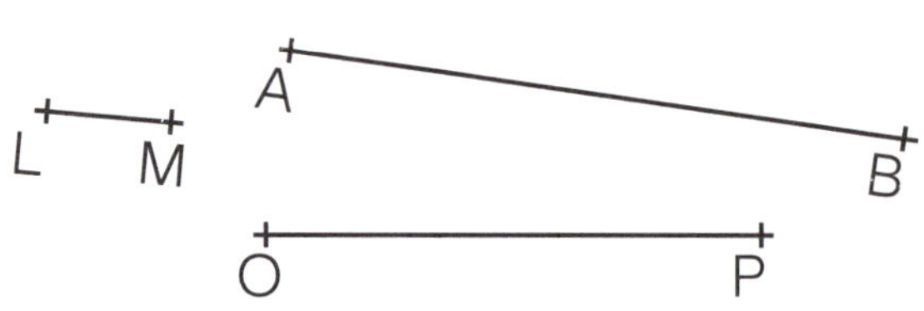

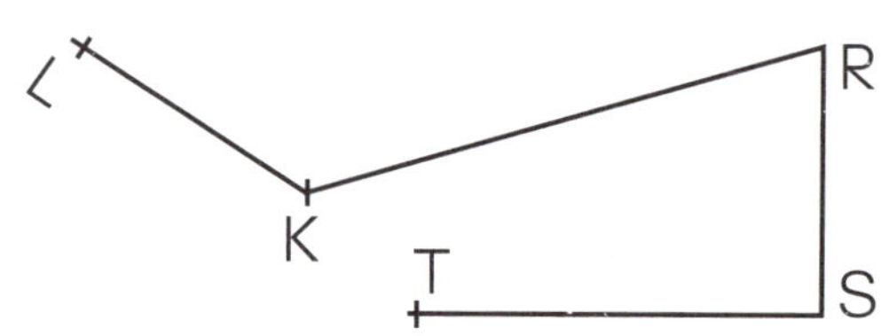

$\overline{LM}$ = ___ cm $\overline{OP}$ = ___ cm

$\overline{AB}$ = ___ cm

$\overline{LK}$ = ___ cm $\overline{KR}$ = ___ cm

$\overline{RS}$ = ___ cm $\overline{ST}$ = ___ cm

6 Ordne zu. Verbinde.

Würfel | Quader | Kugel